STÜCK FÜR STÜCK MEHR NATUR IM GARTEN

SIGRID TINZ

PATCHWORK-GÄRTNERN

KOSMOS

INHALT

Wie das Patchwork-Gärtnern erfunden wurde

Erfunden hat das Patchwork-Gärtnern natürlich niemand – ich schon gar nicht. Patchwork ist ein Prinzip der Natur. Aber: Wir leben in einer Welt, in der wir glauben, Natur sei „unberührt" und Gärten müssten ordentlich sein. Dass sich Natur und Garten perfekt kombinieren lassen, darauf muss man schon erst mal kommen.

Ich erinnere mich an eine Exkursion während meines Studiums, in ein Naturschutzgebiet. Wir sollten Arten kartieren – also alle Pflanzen und Tiere zählen, die auf einem bestimmten Quadratmeter leben. Meine Freundinnen und ich bekamen direkt den Wegesrand zugeteilt. Wir hatten vorher eine lustige Nacht und unser Professor wollte wohl nett sein und uns nicht auf einen langen Marsch in den Wald schicken, dachten wir. Das Gegenteil war der Fall. Alle anderen waren mit ihrem Quadranten schnell fertig, nur wir nicht. Gerade an diesem Übergang zwischen Weg und Wald, mit Trittspuren, Grasbüscheln, kleinen Pfützen und Gebüsch, Bäumen und Unterwuchs, da war am meisten los. Erkenntnis fürs Leben: Dynamik schafft Vielfalt. Unberührte Natur, in der niemand frisst, trampelt, buddelt, Samen und Hinterlassenschaften verteilt, wächst einfach nur zu und ist eintönig. Allerdings: Wo nur Ordnung und Effizienz herrschen, kann auch nichts gedeihen. Wären wir nicht im Naturschutzgebiet, sondern auf einer intensiv genutzten Wiese oder Ackerfläche gewesen, hätten wir auch am Wegesrand nicht viel gefunden.
Wildnis oder Ordnung, das Ideal liegt wie so oft in der Mischung. Auf den Garten übertragen heißt das: Patchwork-Gärtnern. Nur das Nötigste tun und das am besten nach und nach, Stück für Stück. Vielfalt entsteht durch Vielfalt. Gärten sind nicht nur persönliche Wohlfühlorte, sie sind auch Lebensräume für alle unsere Wildtiere. Den Garten sich selbst oder eben der Natur zu überlassen, dafür ist er in der Regel zu klein, um ein dynamisches und für uns Menschen angenehmes Gleichgewicht zu finden. Unser kleines Stück Natur zu gestalten, ist unser Recht als Gärtnernde. Unsere Pflicht – finde ich – ist es, das so naturverträglich wie möglich zu tun. Und wenn Sie sich für das Patchwork-Gärtnern entscheiden, dann machen Sie es genau richtig.
Noch ein neues Garten-Konzept? Es gibt doch schon so viele! Permakultur, Bio- oder Naturgarten – klingt alles schön, ist aber alles komplex. Das Schöne am Patchwork-Gärtnern: Es kann nichts schiefgehen. Wir machen immer nur ein bisschen und immer ist alles gut. Wir dürfen gestalten, wir müssen aber nicht. Gartenarbeit zählt nicht nur, wenn sie anstrengt, ist nicht nur dann ökologisch, wenn es wild aussieht. Patchwork-Gärtnern ist so, wie es die Natur selber machen würde. Es funktioniert ohne großes Wissen – und macht mit ein bisschen mehr Wissen sogar richtig Spaß. Deshalb gibt es dieses Buch. Nicht als Masterplan, nur als Einladung. Los geht's.

Sigrid Tinz

PATCHWORK – URALTES SYSTEM DER NATUR

WUNDERSCHÖNE LANDSCHAFTEN …

… sind keine unberührte Natur. Damit Vielfalt entsteht, braucht es Gestalter, Tiere, die fressen, trampeln, buddeln. Sonst wird es eintönig.

DIE NATUR ALS VORBILD

Die Natur ist die beste Gärtnerin

Als wir Menschen noch als Jägerinnen und Sammler lebten, war die ganze Welt ein Patchwork. Keine unberührte Natur, aber ein buntes Durcheinander an Leben und Lebensräumen.

Wiesen, Bäche und Seen, Hecken und viele, viele Bäume, kleinfleckige Landschaften, sehr abwechslungsreich, gemischt mit Sträuchern: mal dichter Tann, mal lichter Buchenwald, mal eher Gebüsch, mal Auenwald. Ein fantastisches Patchwork aus Teillebensräumen. So können wir es uns vielleicht vorstellen, wie es nach der letzten Eiszeit war.

DIE ERSTEN „GÄRTNER"

Geschaffen wurde das Ganze im Wesentlichen von großen Pflanzenfressern, von Mammuts, Wollnashörnern und Auerochsen, den sogenannten Mega-Herbivoren. Tiere vom gleichen Kaliber wie Giraffen und Elefanten in der Savanne.
Und etwas kleinere Arten: Elche und Hirsche, Rehe und wilde Schafe und Ziegen. Sie alle sind gemächlich grasend, rupfend, zupfend und mahlend durch die Landschaft gezogen. Trampelten hier etwas platt, knickten dort was ab, schubberten sich an Bäumen und fraßen Schösslinge. Ließen stehen, was nicht schmeckte oder schlecht erreichbar war, und produzierten Hinterlassenschaften. In denen lebten Massen von Insekten, die wiederum Futter für Igel oder Vögel waren. Auch die großen (und kleinen) Grasfresser wurden gefressen – von Großkatzen und Wölfen. Und wer nicht gefressen wurde, blieb auf Trab. So entstanden Bereiche, wo weniger Pflanzenfresser Pflanzen fraßen, und solche, wo mehr gefressen und zertrampelt wurde. Das war gut, denn futtern zu viele Tiere zu viel Grünes, wird das Grasland zur Wüste. Raubtiere fressen selten das ganze Tier, sie überlassen die Reste anderen, vom Fuchs über den Adler bis zum Aaskäfer. So war es ein einziges Werden und Wachsen, Fressen und Gefressenwerden – ein Fest des Lebens, im Auwald und im Dunghaufen.

„Fressen ODER Gefressenwerden, darum geht es nicht in der Natur. Es geht ums Fressen UND Gefressenwerden. Was eigentlich das Gleiche ist wie leben und leben lassen."

GÄRTEN ALS NEUE FLECKEN IM SYSTEM DER NATUR

Dann kamen die Gärten. Dass sie so aussehen, wie wir es heute typisch finden und wie wir sie nutzen, ist eine lange Geschichte. Sie beginnt, als der Mensch sesshaft wurde, das Feuer, Jagdwaffen und Werkzeug erfand und deutlich mehr Tiere erlegen und Bäume fällen konnte als vorher nur mit seinen bloßen Händen. Vorher waren Natur und Kultur eine Einheit. Änderte sich die Natur, änderten sich die Menschen. Sie brieten Vögel, wenn zum Beispiel ein Mammut nicht zu erlegen war, aßen Nüsse, wenn die Beeren weg waren und zogen weiter, wenn der Lagerplatz überschwemmt wurde. Bis ihnen irgendwann die Idee kam, Tiere nicht erst jagen zu müssen, sondern einfach in der Nähe einzusperren. Das Feld bei Trockenheit nicht aufzugeben, sondern zu bewässern. Besonders schmackhafte Sachen nah am Lager anzusiedeln, statt immer wieder neu danach suchen zu müssen. Man fing an, die Natur zu gestalten, sich seinen eigenen kleinen Kulturbereich zu schaffen – wir hier drinnen, die Wildnis da draußen. Diesen Bereich galt es zu schützen: die Hühner vor dem Fuchs, die Getreidepflanzen vor dem

Gärten sind keine Erfindung der Natur. Gärten sind von Menschen gestaltete Wildnis.

Brombeerdickicht. Erst geschah das alles mit Zaun und Hecke, Hacke und Messer, dann mit Pestiziden, Laubsaugern und Motorsense. Am Anfang, um nicht von der Wildnis verschlungen zu werden. Heute, damit sich die Nachbarschaft nicht beschwert oder „weil man es eben so macht".

Gärten gestalten im Wandel der Zeit

Wie man Gärten anlegt, ist Zeitgeist und eine Frage des Geldes. In guten Zeiten, reichen Ländern und bei wohlhabenden Leuten sind die Beete mit Buchsbaum umkränzt und die Blumen zu Kreisen und Schnörkeln arrangiert, dient die Hecke als Schutz vor allzu neugierigen Blicken beim Lustwandeln. Viele leisten es sich, Rasen anzulegen und ihn mit hohem Wasser-, Energie- und Düngeraufwand schön grün und saftig zu halten, statt die Fläche mit Gemüse und Kartoffeln zu bepflanzen, eine Ecke für Hühner abzuzäunen und Mauer und Tor zu sichern, damit weder Fuchs noch Marder, Räuber und Einbrecher in den Garten kommen.
Barockgärten waren das Symbol der völligen Unterwerfung der Natur. Allerdings gab es damals noch mehr als genug Natur und es passte zum Zeitgeist. Artenvielfalt und das Schonen von Ressourcen waren noch keine Themen. Heute sind sie es. Würden wir heute noch so sprechen wie damals oder in den Outfits von damals herumlaufen, fänden das viele befremdlich. Dass heute noch so gegärtnert wird wie im Barock oder als gelte es sich auf Leben und Tod mit Nahrung zu versorgen, findet seltsamerweise niemand seltsam. Styling und Ordnung stehen an erster Stelle.
Heutzutage ist – oder besser gesagt: wäre – es zeitgemäß, die Gärten, Balkone und Hinterhöfe der Tierwelt als Refugium anzubieten. Alle Gärten zusammen sollen ungefähr so viel Fläche haben wie unsere Naturschutzgebiete, es würde sich also lohnen.

Vögel fressen Samen – und verteilen sie.

Das Konzept

Patchwork-Gärtnern macht das ganz einfach möglich. Denn wir behandeln alles so, wie es die Natur auch machen würde – von allem ein bisschen, überall und immer mal. Wir lassen den Rasen zur Blumenwiese wachsen und trampeln einen Teil davon platt beim Fußballspielen. Wir pflanzen eine Hecke aus Wildsträuchern und schneiden sie immer mal zurück. Wir säen Blumen und schneiden sie runter, sanftmäulig wie ein Reh. Wir haben Beerensträucher und schenken die Früchte zum Teil den Amseln. Die Blattläuse überlassen wir den Ameisen. Oder „picken" sie vom Gemüse und den Rosen, wenn sie uns zu sehr stören. Aber zart wie die Rotkehlchen und Meisen, nicht mit Gift, großen, schweren, elektrischen Maschinen und Gewalt.

DIE GROSSEN PFLANZENFRESSER

Wie heute noch in der Savanne, gab es auch hierzulande große Pflanzenfresser: Mega-Herbivoren – perfekte Patchwork-Gärtner.

1. Mammuts, Wollnashörner und Auerochsen zogen zusammen mit Elchen und Wisenten, Hirschen und Rehen durch die Landschaft. Gemächlich grasend, rupfend, zupfend …

2. … und trampelnd. So, dass an manchen Stellen kein Gras mehr wuchs. Kahle Erde ist ein perfekter Nistplatz für Wildbienen und andere Bodenbrüter.

3. Wer viel frisst, muss auch verdauen. Diese Hinterlassenschaften sind wichtiger Lebensraum für Fliegen und Massen anderer Insekten, die wiederum für Vögel und andere Insektenfresser wichtige Nahrung sind.

4. Mega-Herbivoren fraßen nicht nur Gras, sondern auch frische Triebe und grüne Zweige. Knickten dort was ab, schubberten sich hier mal das Fell. So blieb die Hecke im Rahmen und wurde nicht zum Wald.

5. Weil die Sträucher an den Knick- und Bissstellen wirr und verzwirbelt neu austrieben, wurde die Hecke immer dichter, verzweigter und zu einem noch besseren Gebüsch, Versteck und Nistplatz für Vögel.

6. Verschiedene Pflanzenfresser haben verschiedene Vorlieben: Rehe zupfen mit zartem Mäulchen Blüten, Elche rupfen mit der dicken Oberlippe frische Schösslinge. Die Folge: noch mehr Vielfalt.

7. Auch Aas ist wichtig für große Vögel und kleine Säugetiere. Und dann kommen die Insekten: kleine Insekten, Krabbeltiere und Mikroorganismen, die den toten Körper vom Fell bis zur letzten Hautschuppe fressen und verwerten. Die Nährstoffe werden dadurch in den Kreislauf zurückgeführt. Und dann blüht und wächst es im nächsten Jahr an dieser Stelle besonders schön.

Patchwork ist die Lösung

Wie im großen Artennetz der Natur alles mit allem zusammenhängt, davon ist vieles noch nicht erforscht. Aber viele altehrwürdige Gartenregeln sind aus Sicht der Artenvielfalt kontraproduktiv.

Moore sind besondere Ökosysteme. Hier leben spezielle Pflanzen und Tiere. Und hier wird viel CO_2 gespeichert.

In unser aller Unterbewusstsein stecken Jahrtausende, in denen es nicht zu wenig Wildnis gab, sondern zu viel. Im eigenen Umfeld sollte es überschaubar und ordentlich sein. Bloß: Ein ordentlicher Garten ist – leider – das Gegenteil von Biodiversität. Wenig Vielfalt an Lebensräumen bedeutet wenig Leben. Biodiversität ist zum Glück aber kein Chaos, sondern ein bis ins Allerkleinste aufeinander eingespieltes und ineinandergreifendes großes Ganzes. Ein biodiverser Garten funktioniert bestens.

BIODIVERSITÄT GIBT'S GLEICH DREIFACH

Nach der Definition der Vereinten Nationen ist damit zum einen die eigentliche Artenvielfalt gemeint, all die vielen verschiedenen Tiere, Pflanzen, Pilze, Algen und Bakterien, die es auf unserem Planeten gibt. Der Begriff umfasst die genetische Vielfalt innerhalb der Familien, Gattungen und Arten: verschiedene Vogelarten, beispielsweise Sperber und Spatzen und auch verschiedene Spatzenarten. Er beschreibt zudem,

dass es innerhalb einer Art genügend Individuen gibt, um die Art zu erhalten. Am besten haben die einzelnen Tiere unterschiedliche Eigenschaften, um den Genpool immer wieder neu mischen zu können und sich damit an Änderungen im Lebensraum besser anzupassen. Die Lebensraumvielfalt ist die dritte Säule der Biodiversität. Von Heide bis Hochmoor, von Regenwald bis Ozean gibt es zahlreiche verschiedene Ökosysteme, die jedem Tier und jeder Art eine Nische bieten.

WAS HAT DAS MIT PATCHWORK-GÄRTNERN ZU TUN?

Patchwork-Gärtnern fördert die Lebensraumvielfalt. Statt einen Garten in einem einheitlichen Stil zu gestalten, entstehen Stück für Stück unterschiedliche Bereiche – mal sonnig, mal schattig, mal feucht, mal trocken. So wachsen kleine Wildnis-Inseln, die miteinander vernetzt sind. Ein blühender Wegrand hier, ein Totholzhaufen dort, ein dichter Heckenrand am Zaun. Das bewirkt wiederum mehr Lebensräume. Umso

Kleine Wunderwesen: Skorpionsfliegen

Ein Garten ist keine Wildnis. Er kann aber Stück für Stück genauso vielfältig werden, ohne nach Wildnis auszusehen.

mehr verschiedene Arten, Pflanzen, Insekten, Vögel und Bodenlebewesen können in unserem Garten wohnen. Ja, auch sogenanntes Unkraut und Ungeziefer. In der Natur gibt es kein Gut und Böse, das sind menschliche Kategorien. Dieses Denken aber ist in der Gartenwelt fest verwurzelt. Kultur gegen Wildnis, Nützlinge gegen Schädlinge, wir gegen den Rest der Welt. Charles Darwin hat im 18. Jahrhundert Bahnbrechendes erforscht. Aber der Zeitgeist hat daraus ein Konzept gemacht, das inzwischen überholt ist. Der Kampf ums Dasein als Selbstzweck des Lebens, in dem die Starken die Schwachen besiegen – müssen. Wer nicht zuerst zuschlägt oder schnell, schlau, gut genug, fit genug ist, wird gefressen. Das sei Natur. Aber das ist falsch.

„Survival oft the fittest", so heißt das bekannte Schlagwort aus Darwins Schriften, wird oft interpretiert als „Nur der Stärkste überlebt", und auch in die Alltagswelt übernommen als Überlebenskampf „Jeder gegen jeden". Aus heutiger Sicht sollte man es eher „Ringen um die Existenz" nennen und die „Anstrengung, zu leben". Nicht als Recht des Stärkeren, sondern als Antrieb, sich zu entwickeln. Nicht um andere zu besiegen, sondern um besser in die ökologische Nische zu passen. In der Natur gibt es ja nicht immer-zu Rivalität, sondern vielfach ein Geben und Nehmen innerhalb einer Art, eines Sozialverbandes und auch zwischen Arten: Kooperieren, Konflikte aushalten und Kompromisse eingehen (KKK).

KKK STATT KAMPF UMS DASEIN

Spechte hämmern ihre Bruthöhlen in alte Bäume. Die lassen das zu, begrüßen das vielleicht sogar, weil sie wissen, dass dann Leben einzieht bei ihnen. Eichhörnchen, Fledermäuse, Siebenschläfer und verschiedene Vogelarten wie Meisen und Stare nutzen verlassene Spechthöhlen gerne. Wühlmäuse überlassen ihre Gangsysteme zahlreichen anderen Tieren: Hier überwintern Eidechsen oder Kröten, Hummelköniginnen nutzen die Löcher, um im Frühjahr einen neuen Staat zu gründen. Elstern und Krähen bauen haltbare Nester, die gerne von Bussarden oder anderen Greifvögeln nachgenutzt werden. Selbst ein Nest in einer Astgabel zu bauen, das können diese Tiere nicht. Kuckucke überlassen ihre Kinder Pflegeeltern und gehen Eichenspinnerraupen jagen. Blumen produzieren nicht nur Pollen und Nektar, sondern lassen auch Käfer in ihren Blüten schlafen. Bäume holen Nährstoffe aus tiefen Schichten, verschenken ihr nährstoffhaltiges Laub an Buschwindröschen und Waldmeister. Ameisen ziehen Käferkinder und Schmetterlingsraupen auf.

Ameisen-Wohnheim

Ein bekanntes Beispiel dafür ist der Ameisen-Wiesenknopf-Bläuling: Frau Bläuling legt ihre Eier in Wiesenknöpfe und wenn die Räupchen geschlüpft und dickgefressen sind, lassen sie sich auf den Boden fallen und von Ameisen in deren Bau tragen. Dort bleiben sie den ganzen Winter; es ist schön warm und es gibt jede Menge zu fressen. Im Frühjahr verpuppen sich die Raupen und fliegen zum nächsten Wiesenknopf, um sich mit dessen Nektar zu stärken und um sich dort mit einem anderen Bläuling zu paaren.

1

2

1. Spechte hämmern Höhlen, andere Tiere nutzen sie nach.
2. Löwenzahn: leuchtender Farbtupfer und Schmetterlingsfutter

Wunderschön und wichtig: Käfer bestäuben Blüten, fressen Blattläuse, zersetzen Aas und sind Futter für Vögel und Igel.

Clevere Käfer

Auch Totengräber haben ein ausgefeiltes Sozialleben: Die fingerkuppengroßen, schwarz und orange-rot gebänderten Käfer heißen so, wie das, was sie machen. Tierkadaver vergraben: Vögel, Mäuse, Blindschleichen. Die nutzen sie als Kinderstube für ihre Larven. Ist Paarungszeit, sucht sich das Totengräber-Männchen eine Leiche und signalisiert mit hochgerecktem Hinterteil den Weibchen, dass er Mitgift vorzuweisen hat. Nach der Paarung buddeln beide gemeinsam das Aas in die Erde. So verhindern die Käfer, dass zu viele hungrige Mitesser sich ebenfalls daran gütlich tun. Hilfe bekommen sie dabei von Milben, die mehr oder weniger auf ihnen wohnen. Nicht weil sie den Käfer „befallen", sondern um sich von ihm durch die Gegend tragen zu lassen. Bis zu einem toten Tier, dann steigen sie vom Käferrücken auf den Kadaver und fressen dort Fliegeneier und andere potenzielle Nahrungskonkurrenten des künftigen Totengräbernachwuchses. Mama und Papa Totengräber produzieren außerdem noch eine Art anti-mikrobielles Konservierungsmittel im Darm und sprühen es aufs Fleisch. Kleine Zersetzer, Mikroben und Bakterien, arbeiten langsamer, den Käferkindern bleibt länger mehr.
Sie schlüpfen nach ein paar Stunden aus den Eiern, die Frau Käfer in eine kleine Erdhöhle unter den Kadaver gelegt hat. Ein, zwei Häutungsdurchgänge füttern die Eltern sie mit vorgekautem Fleisch. Die Larven helfen sich auch gegenseitig, und sollten in einer Familie die Eltern verschwun-

Was ist Unkraut, was nicht? Im Patchwork-Garten darf sich alles mischen und ergänzen.

den sein, werden die Kleinen von benachbarten Familien mitgefüttert. Wenn alle groß genug sind, um allein zu fressen, dauert es noch ein paar Tage, bis sie sich verpuppen. Vom Kadaver ist eine leere Hülle übriggeblieben, wenn überhaupt.

Warum ich das erzähle?

Weil all das in deinem Patchwork-Garten passieren kann und wird, wenn du es zulässt. Weil dieses Konzept der Kooperation auch zwischen Garten und Gärtner:innen existiert. Wenn du Blattläuse begrüßt, freuen sich Vögel und Igel – und du kannst diese tollen Tiere erleben. Wenn du ein Stück Hecke stutzt, freuen sich alle Käfer im Totholzhaufen, denen du mit dem Astschnitt neue Nahrung aufhäufst. Wenn du ein Stück Hecke nicht stutzt, freut sich die Spitzmaus, die dort ihr kleines Leben leben kann. Kein Gegeneinander mehr, sondern ein Miteinander, ein Füreinander. Die Ordnung im scheinbaren Chaos. Denn das ist ja die Angst. Wenn man sich nicht an die Gartenregeln hält, dann wächst einem irgendwann alles über den Kopf. Aber: Die bunte Vielfalt der Natur ist eben kein wildes Durcheinander, sondern ein fein abgestimmtes System, in dem jede Art, jedes Individuum und sogar kleine Zeitfenster eine Rolle spielen. Oft erscheint uns das Leben als Gewimmel, weil wir die zugrunde liegenden Gesetzmäßigkeiten nicht vollständig verstehen. Nur weil wir es nicht bis ins Letzte durchschauen, heißt das aber nicht, dass es nicht funktioniert. Wenn du zur Patchwork-Gärtner:in wirst, ist es egal, ob du alles durchschaust. Glaube mir, hinter den Kulissen funktioniert alles perfekt.

Kein Gift im Patchwork-Garten!

Gifte im Garten versprechen die schnelle Lösung kleiner Probleme. Oft werden sie als „biologisch" oder „unschädlich für Igel und Haustiere" beworben. Langfristig richten alle ein ökologisches Desaster an. In einem Patchwork-Garten hat Gift keinen Platz.

Schneckenliebe lohnt sich

Das echte Schneckenkorn aus Metaldehyd tötet auch Igel und Eichhörnchen, wenn sie neugierig daran fressen. Das sogenannte biologische Schneckenkorn tötet vielleicht keine Igel, aber alle Schnecken. Nicht nur die nervigen, sondern auch die nützlichen Tigerschnegel und die geschützten Weinbergschnecken. Schnecken sind außerdem nicht nur gefräßige Plagegeister, sondern ein unverzichtbarer Teil des Gartens. Sie und ihre Eier sind die Nahrung zahlreicher Tiere: Viele Käfer fressen Schnecken und Igel fressen wiederum Käfer. Schneckenkorn zerstört dieses Gleichgewicht.

Leben lassen statt wegspritzen

Blattläuse gehören zum Garten einfach dazu – und das ist auch gut so. Sie sind Grundnahrung für Marienkäfer, Florfliegenlarven oder Schwebfliegen. Meisen füttern damit ihren Nachwuchs. Auch wenn's auf Blumen und Gemüse erst mal nach Drama aussieht, oft erledigt sich das von selbst. Pflanzen sterben nicht an Blattläusen, aber Insekten sterben an Anti-Blattlausmitteln. Auch Hausmittel wie Seifenlauge oder Ölsprays schaden mehr als sie nützen: Sie töten nicht nur die Läuse, sondern auch viele ihrer Fressfeinde.

Gift im Verborgenen

Pflanzenvernichtungsmittel schaden dem Bodenleben und allen Tieren, die an den Blättern fressen. Auch Anti-Zeckenmittel für Katzen oder Hunde können Schaden anrichten: Herumfliegende Haare werden von anderen Tieren in ihren Nestern verbaut, und die giftigen Rückstände können Küken töten. Auch Pflanzen aus „Massenpflanzenhaltung“ sind oft mit Pestiziden belastet und können die Hummeln töten, die nach dem Winter hungrig sind und sich dort Pollen holen.

GUTES NIST-MATERIAL?

Ameisen sind Gartenhelfer

Ameisen betreiben Kitas für Käfer, Wellnessoasen für Vögel und verteilen Schneeglöckchen malerisch im ganzen Garten. Wer sich gut mit ihnen stellt, hat weniger Arbeit im Garten. Ameisengifte wie Pyrethrum schaden nicht nur Ameisen, sondern auch nützlichen Insekten und wechselwarmen Tieren wie Eidechsen. Und wenn sie sich im Garten wohlfühlen, wollen sie auch gar nicht ins Haus.

Rattengift bringt Vögel um

Rattenköder locken weit mehr als nur Ratten an. Blutgerinnungshemmende Gifte schädigen indirekt auch Aasfresser wie Krähen, Bussarde oder Eulen, die natürlichen Feinde der Ratte, die das Problem langfristig beheben könnten. Die Lösung: Keine Vögel oder Igel füttern, Müll sichern und die oben genannten Räuber im Garten willkommen heißen. Dann sind vielleicht Ratten da, wie überall, aber halten sich diskret im Hintergrund.

Ordnung plus Wildnis für zeitgemäße Vielfalt

Wie soll das gehen? Ganz einfach. Die Kultur ist eh da, mit Zäunen, Mitgärtnernden und festen Gestaltungselementen. Die Natur bringt das Patchwork-Gärtnern hinein. Am Ende kommt was Gutes dabei raus: Vielfalt.

Im öffentlichen Grün steht der Ordnungsanspruch mehr Wildnis und Vielfalt oft entgegen: Die Rabatten sind geschniegelt, die Bepflanzung wird regelmäßig ausgetauscht, Hecken werden kurzgeschnitten und von Zwischenwuchs befreit, Totholz wird entfernt. Bis sich Dienstpläne in Grünflächenämtern ändern, wird es noch dauern. Kultur und Zivilisation ist überall um uns herum, die müssen wir nicht fördern. Aber im eigenen Garten können wir für etwas mehr Wildnis und Dynamik sorgen, indem wir nur das Nötigste machen und das nach und nach. Wie genau, dazu gehen wir mit diesem Buch gleich querbeet durch alle Bereiche eines Gartens und machen jeden Teil so bunt und vielfältig wie möglich.

MAUSELOCH ENTDECKT?

Brauchst du nicht, oder? Aber du liebst Hummeln? Und Hummeln lieben Mauselöcher. Schon früh im Jahr erwachen die Hummelköniginnen aus der Winterstarre. Sie haben als einzige im Staat überlebt und müssen nun ein neues Volk gründen. Gerne nehmen sie dafür leere Mauselöcher. Und wenn sie auf der Suche danach sind und es kommt – was im März nicht unwahrscheinlich ist – ein Kälteeinbruch mit Nachtfrösten, dann freuen sie sich auch über das Laub im Staudenbeet, das dort noch liegt. Dort können sie warm unterschlüpfen. Sonst würden sie vor Kälte sterben. Und mit ihnen das ganze Volk, das sie als Eier im Bauch tragen und im Mauseloch gründen könnten.

RAHMEN SCHAFFEN ORDNUNG

Besonders schön sind braune Stauden nicht, aber auch das ist Patchwork-Gärtnern: Wir lernen das Wilde zu kaschieren, zu dekorieren, zu inszenieren. So wie ein Bild einen Rahmen braucht, benötigt auch eine wilde Wiese, ein Haufen Laub oder ein verblühtes Beet einen Halt, damit es gefällig wirkt und wohnlich. Ein Zaun oder andere Bepflanzung, eine Hecke oder ein Pflasterstreifen, all das signalisiert: Hier ist ein Patchwork-Flicken, daneben beginnt der nächste – und schon siehts ordentlicher aus.

> „Fest steht: Langweilig wird es dir auch im Patchwork-Garten nicht. Weder was die Arbeit angeht, die Möglichkeiten noch auch die Optik."

Ein schöner Stuhl – und schon wird aus einem wilden Fleck ein Lieblingsplatz.

VOM UNKRAUT ZUM BEET

Die „Patchwork-Ordnung" gilt auch für einzelne Beete, ja sogar manchmal für einzelne Pflanzen. Und geht auch auf Zuruf, je nachdem, was die Blumen dieses Jahr für Pläne haben. Zum Beispiel kannst du um den kleinen Trupp Disteln auf der Wiese einen Kreis aus Steinen legen und einen Stuhl danebenstellen; und schon sieht es nicht mehr nach Unkraut aus, sondern wie ein Konzept. Die Distelfinken lieben es so oder so. Manchmal reichen eine Bank oder auch zwei, drei Blumenkübel, richtig platziert. Schon hat das wilde Beet oder die bunt bewachsene Kiesfläche ihren „Eingang", schon ist optisch eine Grenze geschaffen. Als Rahmen ist eine gewisse Ordnung nicht verkehrt.

DAS KRÄUTERBEET SCHWAPPT AUF DIE TERRASSE?

Schneide ab, was stört und stecke die anderen Triebe zurück in ihre Einfassung. Oder mache einen neuen Rahmen: schichte große Baumstücke zu einer kleinen Mauer, Zweige und Reisig zu einem länglichen Haufen. Wenn diese Haufen und Mauern länger liegen bleiben, ist das sogar ein schöner zusätzlicher Lebensraum für die tierische Garten-WG. Den Tieren ist ein kunterbuntes Durcheinander gerade recht, Rinde, Laub, Baumstücke, Äste und Zweige, auch Steine. Das isoliert schön und bietet alles, von kleinen Schlupfwinkeln für Spinnen und Käfer über feuchte Ecken für Molche, Frösche und Kröten bis zu größeren Höhlen für Spitzmäuse, Igel und Co.

Unkraut gibt es nicht

Den Begriff haben sich Menschen ausgedacht für robuste Wildkräuter, die überall wachsen. Sie ernähren jede Menge Tiere. Wo sie stören, kannst du sie entfernen, aber nicht einfach aus Prinzip. Bei Ameisen, Blattläusen und Wespen ist es das Gleiche. Nur wenn sie zu aufdringlich werden, zieht man Grenzen. Praktischerweise macht das Patchwork-Gärtnern das fast automatisch.

QUER DURCH DEN GARTEN

FUTTER-BUFFET GRÜNFLÄCHE

Je bunter und je länger gewachsen, desto besser geht es den Bodenlebewesen. Desto mehr zu fressen finden die Vögel.

WUNDERSCHÖNES HUMMELFUTTER

Es muss nicht immer Rasen sein …

Ein Garten ohne Rasen – für viele unvorstellbar. Eine Grünfläche ist quasi das Symbol eines Gartens. In einem Patchwork-Garten muss es aber kein Einheitsgrün sein.

Grüner, kurzer Rasen ist der Goldstandard der Gartengestaltung. Das angestrebte Ideal aufrechtzuerhalten, macht allerdings eine Menge Arbeit: mähen, düngen, wässern, wieder mähen, Moos rauskratzen, Löwenzahn ausstechen, Maulwurfshügel einebnen, kahle Stellen nachsäen und wieder mähen … Oft dankt der Rasen diese Mühen nicht: Wenn es trocken ist, verbrennt er und wird trockenbraun. Regnet es viel, stark und lange, wird der Rasen grauer Matsch. Ja, auch das sind Farben, die in einem Patchwork-Garten ihren Platz haben, aber eher als Dekoration – das werden wir später noch sehen. Die Grünfläche ist als erste dran, bunt(er) zu werden. So wird sie außerdem klimafest – und artenreich. Und viel weniger Arbeit macht sie dann auch.

BUNT STATT GRÜN

Ein Garten muss gar keine Grünfläche haben. Wenn du sie nicht nutzt – zum Sonnenbaden, Fußballspielen oder Kaninchen herumlaufen Lassen –, dann gibt es auch keinen Grund dafür, eine zu haben. Lass sie einfach verschwinden, nach und nach, Stück für Stück. Erweitere andere Teile des Gartens: Der Zaun bekommt eine Hecke und die noch einen Saum aus Stauden und Bodendeckern. Lege einen Gartenteich an und gib ihm als Umrandung eine Trockenmauer. Rund um den Kompost können Gemüsebeete, Laubhaufen oder Totholzhecken entstehen. Die Blumenbeete dürfen ausufern, das Kräuterbeet ebenso. Wo noch Flecken frei sind, kommt vielleicht ein Hochbeet hin, ein Sandarium (siehe S. 44) oder ein Käferkeller (siehe S. 102). Der Rest wird zu Wegen aus Mulch oder lockerem Pflaster (mehr dazu auf Seite 50) und zu überall verteilten Plätzen mit Gartensesseln und Liegestühlen. Die Sitzmöglichkeiten wirst du brauchen. Ohne Rasen wirst du so viel Zeit haben, und es wird so viel Leben im Garten sein, dass es immer etwas zum Beobachten geben wird: Distelfinken und Wespenspinnen, Schmetterlinge, Grashüpfer, Rosenkäfer und Rotkehlchen.

Frühblüher gehen immer

Schneeglöckchen, Krokusse, Blausternchen, Primeln, Winterlinge und Hasenglöckchen sind im Frühling eine optische Augenweide auf jedem Rasen oder auch in Beeten. Sie zaubern ein buntes Insektenbuffet. Nach der Blüte verschwinden sie ganz von selbst.

Lieber abhängen als ständig alles mähen und stutzen.

VOM RASEN ZUR BLUMENWIESE

Viele träumen von einer richtigen wilden Blumenwiese. So wie sie früher überall ganz von selbst gewachsen ist. Sie wächst aber nicht einfach so, sondern im Zusammenspiel mit Standortbedingungen, großen Grasfressern und kleinen Insekten, die wie Nadel und Faden alles zusammenhalten und ohne die eine Wiese nicht funktioniert.
Einen typischen Rasen in eine Wiese zu verwandeln, klappt deshalb oft nicht gut. Der Gartenboden ist gesättigt mit Dünger, das mögen wilde Gräser, Blumen und Kräuter überhaupt nicht gern. Das richtige Saatgut zu bekommen, ist aufwendig und teuer, die preiswerten Mischungen im Gartenmarkt bestehen überwiegend aus einjährigen, schnell auflaufenden Ackerbegleitblumen, die sich zwar zum Teil selbst wieder aussäen, aber nicht wieder keimen, weil sie dafür auf offene Flächen angewiesen sind. Samen für die eigentlichen Wiesenblumen, die auch in der dann dichten Pflanzendecke und Grasnarbe neu keimen, sind in diesen Mischungen in der Regel nicht enthalten oder die Samen in den Tütchen sind aus ganz Europa zusammengewürfelt. Das Ergebnis: kein Blumenmeer. Wichtig ist, sich gut beraten zu lassen, lieber etwas mehr Geld zu investieren und das Saatgut gezielt zu kaufen, zum eigenen Boden passend zusammengestellt. Aber auch dann werden all die Insekten und Kriech- und Krabbeltiere nicht mitgeliefert und kommen auch nicht mal eben so. Außerdem muss man regelmäßig mähen und das Schnittgut entfernen – es sei denn, man hat eine Schafherde. Fazit: Eine richtige Blumenwiese ist mit ähnlich viel Mühen verbunden wie ein englischer Rasen.

Kräuterrasen

Ein Kompromiss könnte ein sogenannter Kräuterrasen sein: Er vereint das Beste aus zwei Welten: Er besteht neben Gräsern aus verschiedenen Kleesorten, Wegerich, Storchschnabel, Hornkraut, Hahnenfuß, Günsel und Taubnesseln. Das sieht romantisch aus, ist aber weit weniger anspruchsvoll als eine echte Blumenwiese. Man kann Kräuterrasen betreten und darauf Fußball spielen. Gemäht wird ab und zu, damit es nicht zu lang wird. Aber auch das ist Aufwand an Geld, Zeit, Arbeit und Planung, einen solchen Kräuterrasen komplett neu anzulegen.
Das Patchwork-Gärtnern hat die Lösung: Lass den Rasen einfach nach und nach sich selber verwandeln – so entsteht eine Grünfläche zum Benutzen: artenreich, pflegeleicht und klimafest. Ein lebendiger Teppich aus Gräsern, Kräutern und blühenden Wildpflanzen, so wie er zu deinem Garten passt.

So geht's!

1. Rasen nicht mehr düngen.
Denn Dünger mögen nur die paar Rasengräser, er lässt sie besonders gut wachsen. Wenn du auf diese exklusive Förderung verzichtest, zeigen sich schon bald die ersten Wildkräuter als bunte Tupfen: Gänseblümchen, Ehrenpreis oder Klee, Hahnenfuß oder Taubnesseln.

2. Nicht mehr so oft mähen wie sonst, nicht mehr alles am Stück auf einmal und auch nicht so niedrig mähen wie sonst, mindestens 3 cm Wuchshöhe sollte den Pflanzen bleiben. Vorteil für den Rasen: Je länger die Halme, desto besser hält er in trockenen Zeiten durch, weil sich Tau in den Halmen sammelt und er sich so selber gießt. Dem Bodenleben geht's gut, weil es ein schönes Dach über dem Kopf hat, und so haben all die Bodenlebewesen viel Power, den Boden gut zu durchlüften und zu lockern. Starkregen staut sich nicht, sondern versickert entlang der Wurzelwege und Grabgänge.

1

3. Kein „Unkraut" jäten oder vergiften, vor allem Moos nicht mehr entfernen. Es ist wunderbar weich, darauf zu laufen und die Moospolster wirken ausgleichend auf den Wasserhaushalt; wie kleine Schwämme.

4. Rasen nicht mehr bewässern. Vertrocknete Stellen sind – wie Maulwurfshaufen oder Ameisenhügelchen – neue Möglichkeiten für neue Pflanzen. Schneller geht's, wenn du die Lücken mit Wildblumensamen flickst, zum Beispiel mit Labkraut, Margeriten, Flockenblumen oder Wildkräutern wie Schafgarbe. Ob sie sich gleich wohlfühlen, lässt sich schwer vorhersagen, denn viele ehemalige Rasenflächen wurden über Jahre stark gedüngt, und das mögen viele Wildblumen nicht. Manche wachsen dann nur zögerlich oder bleiben klein, andere blühen besonders üppig. Was genau wächst, ist vielleicht eine Überraschung – dass etwas wächst, ist ziemlich sicher. Skeptisch? Fang stückchenweise an. Vielleicht mit der Fläche unterm Apfelbaum, dem sonnigen und trockenen Streifen an der Hecke. Wenn es klappt und dir gefällt, dann wandle weitere Rasenabschnitte um.

Der ideale Zeitpunkt

Am besten startest du im Mai, passend zur Aktion „Mähfreier Mai" (*https://dgg1822.de/kampagne-maehfreier-mai*). Nach englischem Vorbild ruht der Rasenmäher ab dem 1. Mai für vier Wochen. Unter dem Hashtag #MähfreierMai finden sich in den sozialen Medien viele Beiträge und inspirierende Fotos. So hast du einen plausiblen Grund, nicht zu mähen – falls jemand fragt. Wie es danach mit deinem Rasen weitergehen kann? Ein paar Beispiele findest du auf der nächsten Seite.

2

1. Wozu braucht man Rasen, wenn man auch Blumen haben kann?

2. Wenn Rasen nicht mehr gedüngt wird, wachsen bald Taubnesseln und Gänseblümchen.

SCHNITTMUSTER FÜR RASEN UND BLUMENWIESEN

Die Grünfläche einfach wachsen lassen versus jeden Samstag mähen? Am besten eine gesunde Mischung. Das ist auch hier der goldene Mittelweg.

Nicht zu mähen ist wichtig, damit Pflanzen zur Blüte kommen. Mähen ist wichtig, damit nicht alles überwuchert wird. Denn Pflanzenfresser haben wir ja eher nicht im Garten. Der Trick liegt im Patchwork: Lasst kleine Flächen stehen, wechselt die Mahdzeiten, mal so, mal so. Jedes Wochenende ein bisschen, lasst Inseln stehen, mäht Muster rein. Es gibt so viele Möglichkeiten zwischen einer professionellen Blumenwiese und einem englischen Rasen, zum Beispiel diese Variante mit einem Sitzplatz.

Am Zaun wächst ein v
die Grünfläche is

Wieseninseln sind Lieblingsplätze,
nicht nur für Insekten.

Beim Mähen Inseln stehen lass
steckern oder einer Vogeltr

Gemäht wird nur, wo man gut hinkommt. Um das
Trampolin und unter den Bäumen darf es wachsen.

Die wilde Wiese darf wachsen – gemäht werden
nur die Wege zu den einzelnen Gartenbereichen.

Kein Garten ohne Blumen

Farbenprächtige Blumen sind einfach toll. Noch toller wäre, wenn immer welche blühen würden, ohne viel Arbeit und ohne ständiges Neu- oder Nachpflanzen; wenn das Beet auch im Herbst und Winter gut aussehen und alles im Frühling von alleine wiederkommen würde.

1

Wer Staudenbeete aus Gartenzeitschriften nachpflanzt, ist oft enttäuscht. Die Pflanzen kosten viel Geld und in Zeiten der Klimaveränderung wächst nichts, wie es soll. Bis sich die frisch erworbenen Staudenschätze im Boden eingelebt und mit den Bodenlebewesen bekannt gemacht haben, kommt schon die erste Dürre oder ein Gewitterregen und alles ist dahin. Mit einem Patchwork-Beet ist all das Geschichte: Statt Pflanzpläne nachzuarbeiten und die Blumen mit viel Einsatz zum Wachsen zu überreden, schickst du besser selbstständige Pflanzen an den Start, die von alleine genau dort wachsen, wo es ihnen passt und sich selbstständig erhalten, vermehren und verteilen, durch den Garten wandern und eigeninitiativ Lücken füllen, die andere haben entstehen lassen. Auch dafür muss ein solches Beet natürlich erst einmal bestückt werden. Aber auch das geht nach und nach. So wie du Geld, Zeit, Energie hast. Wir sind ja hier beim Patchwork-Gärtnern.

EIN GANZJAHRESBEET

Das Prinzip ist ganz einfach. Gesät und gesetzt werden für jede Jahreszeit die passenden Akteure: Zunächst kommen die **Frühblüher** wie Christrosen, Schneeglöckchen, Krokusse oder Winterlinge, die von Dezember bis März nacheinander blühen und Farbe in den Garten bringen, kaum dass die letzte Aster in den Winterschlaf gegangen ist. Dann braucht der Garten **Sommerblumen** wie Mohn, Margeriten und Kornblumen, Stockrosen, Glockenblumen, Disteln, Nachtkerzen oder Lichtnelken, außerdem Bodendecker wie Storchschnabel, Frauenmantel oder Walderdbeere. Die halten die Reihen geschlossen, auch wenn eine von den Großen und Schönen mal schlappmachen sollte. Wichtig sind auch **Herbstblüher**, damit am Ende des Sommers nicht auch die Blumenpracht vorbei ist. Gut geeignet sind Sonnenhüte und Sonnenblumen, Fetthenne, Rainfarn oder Verbenen. Ich liebe auch Ringelblumen, sie blühen

Ohne Torf!

Wenn du Pflanzerde kaufst, dann bitte ohne Torf. Erstens ist Torf längst nicht so gut für die meisten Pflanzen, wie man meinen könnte. Torf kommt außerdem aus dem Moor, einem jahrtausendealten Lebensraum und riesigen CO_2-Speicher. Beim Abbau wird klimaschädliches CO_2 freigesetzt.

den ganzen Sommer, bis zum ersten Frost. Für den **Winter** brauchst du Stauden, die auch verblüht gut aussehen, sogenannte Wintersteher. Zum Beispiel Färber-Hundskamille, Schafgarbe, Malve, Wilde Karde (siehe S. 35) oder Wilde Möhre. Auch Gräser eignen sich gut. Diese Pflanzen sehen sehr malerisch aus, wenn Frost und Schnee sie verzieren. Weil ihre Samenstände stehen bleiben, können Vögel auch im Winter Futter finden; in den Stängeln überwintern Insekten und diese sind dann im Frühling am Start, um bei der Bestäubung zu helfen und auch um sich gegenseitig in Schach zu halten. Ein solches Ganzjahresbeet ist nicht nur ein Blütenmeer, das vom Frühjahr bis zum Herbst Farbe in den Garten bringt, sondern auch ein kleines Artenreich. Und weil wir ein Patchwork-Beet haben: Für Impulskäufe, Lieblingsblumen und Geschenke ist immer noch Platz. Weil es kein starres Konzept gibt, passt einfach jeder und jede dazu und findet einen Platz.

2

1. Vielfältigst bepflanzt bietet ein Staudenbeet von Frühling bis Herbst einen bunten Anblick.

2. Sonnenhüte sind nicht nur fürs Auge schön, sondern werden auch von Insekten geliebt.

Für jeden Standort gibt es Pflanzen, die ihn lieben.

Ab ins Beet!

Wann und wie bringt man die einzelnen Pflanzen am besten an den Start? Viele klassische Gartenblumen wie Mohn, Akelei, Malven, Kornblumen oder Vergissmeinnicht keimen ganz unkompliziert direkt im Beet. Welche Blumen was wie am liebsten mögen, steht in der Regel auf den Samentütchen oder lässt sich leicht im Internet recherchieren. Oder man probiert es einfach aus – ein paar Samen hier, ein paar dort. Wer Glück hat (und Geduld), wird mit bunten Überraschungen belohnt. Viele Gartenblumen, ob Stockrosen oder Ringelblumen, lassen sich auch vorziehen – dann blühen sie ein paar Wochen früher. Aber auch das ist kein Muss. Im Patchwork-Garten wächst immer irgendwo etwas. Was nicht keimt, kommt eben nächstes Jahr. Und was wächst, ist meist genau das, was bleiben will. Mehrjährige Stauden auszusäen, ist dagegen oft eine kleine Wissenschaft. Viele brauchen eine Kälteperiode, andere keimen erst nach Wochen oder Monaten, einige sogar erst im übernächsten Jahr. Einfacher ist es, ein paar Starterstauden zu kaufen oder zu ertauschen und an strategisch günstige Stellen zu setzen. Manche lassen sich auch teilen, so kommst du mit noch weniger Ausgangspflanzen aus. Und bei vielen ausläuferbildenden Arten wie Walderdbeeren oder Glockenblumen und vielen Kräutern reicht ein Stück von der Wurzel (siehe S. 78).

Was ist mit dem Standort?

Mit einer Vielfalt an selbstständigen Pflanzen musst du dir darüber keine großen Gedanken mehr machen. Sowieso ist ja keine sonnige Ecke gleich, nicht jeder Schattenplatz bietet dieselben Bedingungen. Ob die Sonne auf leichten Sandboden oder schweren Lehmboden trifft, ob der Boden trocken oder durch einen hohen Grundwasserspiegel feucht ist – all das macht ja einen Unterschied. Jeder Standort ist ganz besonders. Dein Garten, dein Beet ist eine einzigartige Kombination aus unterschiedlichsten Eigenschaften. Im Patchwork-Garten kannst du darauf vertrauen, dass die Pflanzen ihren Lieblingsplatz selbst finden. Vielleicht nicht immer da, wo du dachtest, es wäre der beste Platz. Aber dafür auch im Norden, hinterm Schuppen, unterm Dachüberstand, unter Bäumen und Sträuchern, direkt an der Hauswand. Was wo wächst, ist ein bisschen dynamisch. Dass etwas wächst, steht fest.

AUCH KRÄUTER SIND BLUMEN

Kräuter aller Art bereichern jeden Garten, nicht nur die für Gemüse vorgesehenen Beete. Auch wenn du wenig Zeit hast, Kräuter zu ernten, zu trocknen und daraus Tees, heilwirksame Auszüge oder Gewürzmischungen herzustellen: Du tust gut daran, reichlich Kräuter im Garten freizulassen. Denn diese sind zum großen Teil das, was aktuell als pflanzliche Klimahelden bezeichnet wird. Robust, pflegeleicht – außer Basilikum vielleicht – und unerschrocken. Viele mediterrane Kräuter wie Rosmarin, Salbei oder Thymian sind es gewohnt, die Füße nicht in allzu üppiger Erde stehen zu haben, aber auch mal Frost und Schnee aushalten zu müssen. Sie sind eine immergrüne Gartenzierde. Schnittlauch oder Petersilie ziehen ein über den Winter. Und viele andere – einjährige Arten – säen sich unermüdlich selber wieder

aus, Borretsch zum Beispiel: Einmal im Garten, versamt er sich freundlich zurückhaltend überall, wo Platz ist. Auch die mehrjährige Zitronenmelisse sät sich mal hier, mal da aus, wird aber nie aufdringlich. Mit ihren weißen Blüten lockt sie Wildbienen und andere Insekten an. Die uralte Heilpflanze Kamille ebenso. Minzen wachsen üppig, sind robust und pflegeleicht, blühen herrlich weiß, rosa, hellblau und werden von Hummeln, Bienen und Schmetterlingen umsummt.
Kräuter sind aus einem weiteren Grund ideal: Sie laden zum Patchworken ein. Für Tee oder zum Kochen werden immer wieder Teile zurückgeschnitten und genutzt, an diesen Stellen treiben sie oft wieder durch und blühen neu, wenn die anderen Stellen schon verblüht sind und Samen bilden.

ORGANISCH DÜNGEN

Verzichte auf mineralischen Dünger oder Flüssigdünger. Er verpasst den Pflanzen einen Nährstoffboost, bietet aber den Bodenlebewesen nichts zu futtern, woraus sie fruchtbaren Humus bilden könnten. Wenn du Laub liegen lässt, verblühte Stauden stehen bleiben dürfen und Beikräuter nicht ständig aus dem Beet gezupft werden, ist Düngen oft gar nicht nötig. Ausnahme: Im Gemüsebeet – hier erntest du regelmäßig und damit entziehst du dem Boden Nährstoffe. Deshalb muss das Gemüsebeet oft mehr leisten, als es von sich aus kann. Wie viel Unterstützung – am besten Kompost oder Naturdünger wie Schafwollpellets – nötig ist, hängt davon ab, welche Arten du anbaust.

1

„Kräuter sind Blumen, die wir auch essen können."

2

1. Wilde Karde: im Sommer Hummelmagnet, im Winter Stillleben

2. Blumen im Kräuterbeet? Kräuter im Blumenbeet? Egal, Hauptsache bunt.

Gemüsebeete in allen Farben

Üblich ist es, im Frühjahr Gemüse zu säen – im Frühbeet, Gewächshaus oder auf der Fensterbank – und dann in Reihen ins Beet zu setzen. Nach der Ernte wird meist jedes Blatt und jeder Strunk weggeräumt. Patchwork geht anders, auch im Gemüsebeet.

1

Viele Blumen passen gut ins Gemüsebeet. Das ist nicht nur schön, sondern praktisch. Zum Beispiel spart es das lästige Vereinzeln, wenn du Möhrensamen mit Kamille und Borretsch mischst: Das so vergröberte Saatgut verhindert zu dichtes Auflaufen und das Weiß und Blau der Blüten leuchtet mit dem hellgrünen Möhrenlaub um die Wette. Ringelblumen, Kapuzinerkresse oder Königskerzen lockern die Reihen nicht nur optisch auf, sondern sind auch Insektenweide und Vogelfutter.

KRÄUTER: NÜTZLICH UND SCHÖN

Viele Kräuter stärken und schützen Obst- und Gemüsepflanzen: Bohnenkraut hält Läuse von den Bohnen fern, Salbei, Thymian und Minze den Kohlweißling von Kohlpflanzen. Schnittlauch bewahrt mit seinen ätherischen Ölen in Blättern und Wurzeln Erdbeeren vor Grauschimmel. Lecker ist er sowieso und eine hübsche Schnittblume außerdem.

GEMÜSE BLÜHEN LASSEN

Aber auch viele Gemüsearten haben schöne Blüten, zum Beispiel Rucola, Radieschen oder Feldsalat. Allen Kohlarten und klassischen Salaten (Korbblütler) sowie Möhren und Pastinaken (Doldenblütler) wachsen beeindruckende Blütenwolken, wenn man es zulässt. Statt alle Köpfe und Knollen zu ernten, bleiben einfach einige im Beet und dürfen weiter wachsen. Sie sind beliebt bei Insekten und später, wenn die Samen reif sind, auch bei Vögeln. Wenn du dein Gemüse mit einem Netz vor ungebetenen Mittessern schützt – zum Beispiel vor dem Kohlweißling –, dann lass gezielt ein paar Pflanzen aus. Diese „Opferpflanzen“ dienen den Schmetterlingen als Eiablageplatz und den Raupen als Futter, ohne dass es gleich die ganze Ernte betrifft. Die Opferpflanzen sind selten so ramponiert, dass sie absterben. Wenn du sie einfach stehen lässt, bekommen sie nach der Schmetterlingssaison noch einen zweiten Auftritt als Gemüseblüte.

3. Einmal im Garten, samt sich Borretsch immer wieder selbst aus, ohne aufdringlich zu sein. Hummeln lieben ihn.

3

1. Blumen und Gemüse – hier Ringelblumen und Rotkohl – ergänzen sich nicht nur optisch perfekt.

2. Fenchel blühen zu lassen ergibt beeindruckende Blütenwolken, umschwärmt von Insekten.

2

Bunt, bunter, Patchwork: Auch im Gemüsebeet ist Vielfalt schön und sinnvoll.

SELBST AUSGESÄT

Ein Teil der Samen wird zu Boden fallen und wieder keimen und wachsen. Selbstaussaat ist ideal fürs Patchwork-Gärtnern, denn es spart jede Menge Arbeit – verglichen mit Vorzuchten und Setzlingen –, sorgt für bunte Überraschungen und fördert die Vielfalt, da sich die Pflanzen je nach Standort und Bedingungen optimal selbst verteilen. Robuster sind diese selbst gekeimten Pflanzen außerdem, auch gegen Schneckenfraß. Selbstaussaat funktioniert gut mit Rucola, Feldsalat, Asiasalat, Gartenmelde, Petersilie, Dill, Koriander, Gartenmelde oder Kapuzinerkresse. Sie alle tauchen oft an den ungewöhnlichsten Stellen im Garten wieder auf. Auch Tomaten überraschen mit Nachkommen im nächsten Jahr, wenn Früchte im Beet liegengeblieben sind.

Übrigens: Im Patchwork-Garten sollte es keine nackte Erde geben, auch nicht im Gemüsebeet. Spontan auftauchende Mitbewohner wie Knoblauchsrauke, Knopfkraut, Vogelmiere, Brennnessel oder Löwenzahn bieten Insekten Nahrung, Schnecken Ablenkfutter, schützen den Boden und sind zugleich wertvolles Wildgemüse. Statt sie zu jäten, dulden. Oder noch besser: essen.

Achtung!

Manche Gemüse können mit ungewollten Kreuzungen überraschen, die geschmacklich oder wuchstechnisch wenig überzeugend sind. Bei einigen Gemüsesorten kann Selbstaussaat riskant sein: Zucchini oder Kürbis können viele Bitterstoffe bilden, die sehr giftig sind. Bittere Früchte sollten niemals gegessen werden!

BUNTE KOMBINATIONEN

Wenn dann alles bunt durcheinander wächst, ist das gut so? Tiefwurzler wie Mangold teilen sich den Platz mit Radieschen oder Radicchio, die eher im oberen Boden zu Hause sind. Dünner Porree füllt den Platz zwischen den dicken Sellerieknollen, Kartoffeln und dicke Bohnen wachsen gut zusammen, Dill mag Gurken, Kürbis streckt seine Ranken dorthin, wo Platz und Sonne ist, Erbsen und Bohnen können sich auch an Maisstängel anlehnen und eine Wurzelpetersilie passt überall noch rein. Mit dem richtigen Partner wachsen alle Pflanzen besser, halten sich gegenseitig Krankheiten vom Leib und halten sogar unterirdisch Händchen, indem sich ihre Wurzeln miteinander verschränken und verweben.

PERMAVEGGIES: MEHRJÄHRIGES GEMÜSE

Permaveggies ist der umgangssprachliche Begriff für „permanente Gemüse" – also mehrjährige, ausdauernde Pflanzen, die uns Jahr für Jahr mit frischen Erträgen versorgen, ohne dass sie jedes Jahr neu gesät oder gepflanzt werden müssen. Je nach Art werden die Blätter, Triebe, Knollen oder Blüten über viele Jahre hinweg geerntet. Natürlich nur stückchenweise und nach und nach, damit die Pflanzen immer wieder regenerieren können. Einige bekannte Arten von permanentem Gemüse sind Spargel, Rhabarber oder Sauerampfer. Die drei haben aber viele eher unbekannte Kollegen wie Winterheckenzwiebel, Ewiger Kohl, Guter Heinrich, Baumspinat und Rankspinat, Topinambur, Knollenziest, Salatlinde oder Tellerkraut. Gerade im Patchwork-Garten lohnt es sich, sie kennenzulernen. Permaveggies sind immer da, auch über den Winter, nicht nur als Strukturelement und Farbtupfer, sondern auch als Lebensraum und Winterquartier für kleine Tierchen. Ihre überdauernden Wurzeln wachsen tiefer und verzweigter als die von Saisongemüse, speichern besser Wasser und Nährstoffe und verhindern so Bodenerosion. Das freut auch viele Tiere im Boden. Wie sehr, das seht ihr auf der nächsten Doppelseite.

Vogelmiere gilt als „Unkraut", ist aber einfach unglaublich lecker.

Permaveggies wie die Winterheckenzwiebel: nur einmal pflanzen, viele Jahre ernten.

LEBENDIGER BODEN

Der Boden ist mehr als nur Fläche für Beete. Hier wühlen, graben, fressen und verwandeln unzählige Tiere und Mikroorganismen all das, was oben wächst, blüht und stirbt zu fruchtbarem Humus. Damit wieder Neues wachsen kann.

In einer Handvoll Erde leben mehr Lebewesen als Menschen auf der Erde: Einzeller, Pilze, Algen, Milben, Springschwänze, Regenwürmer, Käferlarven, Asseln, Ameisen – und ihre Eier. Auch größere Tiere wie Amseln, Igel oder Maulwürfe sind Teil dieses Bodenlebens: Sie jagen, graben oder picken nach Futter. Besonders wichtig: die Regenwürmer. Sie durchlüften den Boden, ziehen Pflanzenreste ein, verdauen sie und sorgen so für besten Humus. Auch Engerlinge von Rosen- oder Junikäfern leben hier – manche gern im Kompost oder unter Holzmulch.

Was nach Zerfall aussieht, ist ein höchst organisierter Umbauprozess: Nichts wird einfach zu Erde, sondern wird von sogenannten Destruenten zersetzt – gefressen, verdaut, weitergegeben. So gelangen die Nährstoffe aus abgestorbenen Blättern, Wurzeln und Ausscheidungen wieder zurück in den Kreislauf. Doch nur, wenn das Bodenleben nicht gestört wird. Wer ständig umgräbt, zerstört diese Gemeinschaft. Besser: mulchen, Vielfalt pflanzen, den Boden mit Gründüngung oder „Unkraut“ bedecken – und alles liegen lassen, was lebendig aussieht oder mal lebendig war.

Das gute Braun

Nur nackte Erde – das ist im Patchwork-Garten nichts. Brauntöne in allen Schattierungen sind als Farbtupfer reichlich vorhanden. Aber Braun ist nicht gleich Braun, sondern manchmal ein ganzes Ökosystem.

1

Super Erde

Nutze die Maulwurfserde als Pflanzerde. Sie ist allerfeinst gesiebt und frei von Pflanzenfasern und anderen großen oder kleinen Stücken. Der Maulwurf braucht sie nicht, torffrei und ohne Plastiksack ist sie außerdem.

Im Patchwork-Garten darf sich Braun ganz selbstverständlich zwischen das Grün mischen. Wenn sich eine Staude zurückzieht, wenn Trockenheit eine Lücke reißt, ein Tier wie Maulwurf, Maus oder Ameise für Unordnung sorgt, oder sich irgendwo eine Stelle voller Matsch sammelt. Genau solche Flecken finden schnell ihre Abnehmer: Schwalben und andere Vögel sammeln feuchte Erde zum Nestbau und Wildbienen graben ihre Brutröhren in trockene Bodenstellen. Aber: Nicht jedes Braun ist gleich willkommen. Wo wir es künstlich erzeugen – etwa als blankgeharkter Pflegestreifen unter der Hecke, in leergekratzten Pflasterfugen oder als nackige Erde im Gemüsebeet, darf es gerne mit Mulch oder Begrünung bunter werden.

TOTHOLZ – DAS SCHÖNSTE BRAUN IM GARTEN

Eigentlich müsste es Lebensholz heißen oder Wimmelholz. Denn es bietet Unterschlupf, Nahrung und Lebensraum für Mikroorganismen und viele andere Arten: Käferlarven fressen sich durch vermoderndes Holz, Wildbienen nisten in Bohrlöchern, Amphibien und Reptilien nutzen es als Versteck. Während es langsam zu Humus wird, beherbergt es Schneckenjäger wie Laufkäfer oder Glühwürmchenlarven und liefert Nistmaterial für Vögel.

Dekoratives zweites Leben

Ob liegen gelassen, kunstvoll gestapelt oder gezielt arrangiert – Totholz gehört unbedingt zum Patch-

work-Garten. Es lässt sich nicht nur ökologisch sinnvoll, sondern auch ausgesprochen dekorativ integrieren: als begrünter Holzstapel, Beetbegrenzung, bewucherte Kletterhilfe oder kunstvoll verwitterte Wurzel. Bunte Baumpilze, Moose und Flechten dekorieren jedes Stück dann auch noch einzigartig. Und nicht nur das: All diese „Deko“ ist auch Nahrung. Eichhörnchen zum Beispiel fressen auch gerne Pilze, und Moos ist sowieso beliebt als Futter, zum Beispiel bei Springschwänzen, Milben, Bärtierchen, Schmetterlingsraupen oder Schnecken. Moose speichern außerdem Feuchtigkeit und bilden einen kuscheligen Kinderhort für Insektenlarven. Auch als Nestbaumaterial ist Moos sehr wichtig.

1. Maulwürfe als Gartenhelfer: zuständig fürs gute Braun

2. Totholz ist gar nicht tot, sondern sofort voller Leben. Die Larven des Nashornkäfers beispielsweise ernähren sich von totem Holz.

2

SANDARIUM: SANDIGES ECK FÜR INSEKTEN

Auch die Farben Sand und Ocker sollten wir nicht vergessen. Wer Kinder oder Enkel hat, ist mit dieser Farbe vertraut. Aber auch alle anderen können einen Sandkasten anlegen. Für Wildbienenkinder. Fachlich korrekt heißt das dann „Sandarium". Viele Wildbienenarten, geschätzte zwei Drittel, brüten nämlich nicht in Holz (und schon gar nicht in Insektenhotels), sondern in der Erde. Ein Sandarium anzulegen, ist weit weniger kompliziert, als es klingt. Du brauchst nur Sand. Aber keinen Spielsand, keinen Sand in Einheitskörnung. Der wäre zu locker und klebt nicht zusammen. Damit können Bodennister keine Brutröhren bauen. Der Sand kann ein Haufen werden oder eine Grube. Die Sandschicht sollte mindestens 50 Zentimeter haben. Denn so lang können die Brutröhren verschiedener Wildbienen durchaus werden. Je mehr Sand und je mehr Fläche, desto besser. Dann kommen sich die verschiedenen Arten nicht in die Quere und neben Wildbienen können auch andere Arten das Sandarium nutzen. Ameisen zum Beispiel oder Wespen, die nach dem Kuckucksprinzip ihre eigenen Kinder in die fertigen Brutröhren schmuggeln. Auch Käfer und Spinnen kommen vorbei, zum Wohnen und Fressen. Viele Insekten wiederum laden Vögel ein. Wichtig ist, dass die Blumendecke lückig ist, damit auch immer ausreichend sandfarbene Stellen bleiben, an denen Wildbienen ihre Nester anlegen können – und sich über die vielen Pflanzen eben nicht zu viel Nährstoffe und Humus anreichern und der feine Sand zu festem Boden wird. Um den Sandhaufen herum kannst du einen dichteren Saum wachsen lassen. Gut eignen sich dafür zum Beispiel Thymian, Lavendel und Minze, Labkraut, Schafgarbe, Johanniskraut, Mauerpfeffer, Sandglöckchen, Habichtskraut, Nachtkerzen oder Heide. Viele Sandbewohner machen gerne Futterausflüge ins blumige Grünband.

Vom Sandkasten zum Sandarium

Wenn die Kinder oder Enkel aus dem Sandkastenalter raus sind: den Sandkasten einfach lassen, wie er ist. Die nächsten Jahre vergnügen sich Wildbienenkinder darin.

SATTES KOMPOSTBRAUN

Ein Komposthaufen ist nicht nur eine Düngerfabrik, die aus Abfällen Gold macht – er ist auch Winterquartier und Schlaraffenland für viele Tiere: Igel, Erdkröte, Blindschleiche, Ringelnatter, Nashornkäfer, Spitzmaus. Damit beides klappt – Nutzen und Lebensraum – braucht es im Patchwork-Garten am besten zwei oder drei Haufen. Einer wird jeweils genutzt, die anderen bleiben als Rückzugsort stehen. Alles, was an Krabbeltieren auftaucht, beim Umsetzen und Abnehmen, kann behutsam umgesetzt werden. Wer nur einen Komposthaufen hat, sollte mit den sprichwörtlichen Samthandschuhen arbeiten. Nicht einfach mit der Forke rein und durchs Sieb werfen. Auch eine Möglichkeit: Den Kompost im Haufen lassen und die Pflanzen direkt dort setzen: Kürbis, Zucchini, Tomaten, Sonnenblumen oder auch Holunder – sogenannte Starkzehrer – fühlen sich hier superwohl. Das Umsetzen kannst du dir dann sparen.

1

1. Totholz oder eine kleine Trockenmauer sind eine ideale Ergänzung zum Sandarium.

2. Außer Sand für die Brutröhren braucht die Mohnmauerbiene noch Mohn: als Tapete.

2

Blau macht gute Laune

Wasser ist mehr als nur der Inhalt der Regentonne, ganz besonders im Patchwork-Garten. Jeder Tropfen zählt auch als Lebensraum, Trinkquelle und Klimaanlage.

Hier geht es darum, wie das blaue Element – das Wasser – selbst im kleinsten Garten Platz findet. Auf der nächsten Seite findest du dann noch Infos zum Element Wasser, und zwar wie und warum dein Patchwork-Garten klimafest ist und unabhängiger vom wankelmütigen Wetter wird.

WASSER IST LEBEN

Ideal ist, wenn du eine Stelle im Garten hast, die irgendwie immer ein bisschen matschig ist. Das kann die tiefste Stelle sein oder auch ein Teil, wo der Boden verdichtet und lehmig ist und das Wasser langsamer abfließt. Statt sie zu meiden oder trockenzulegen, wird daraus ein buntes Regenspeicherbeet. In die Mitte kommen Pflanzen wie Sumpfdotterblume, Wasserminze oder Sumpfvergissmeinnicht. An den Rand setzt du Pflanzen, die Feuchtigkeit lieben, aber auch mal Trockenheit vertragen, wie Mädesüß, Blut-Weiderich oder Wasserdost. Dazu ein paar Trittsteine, Totholz oder größere Steine – und fertig ist ein bunt blühendes, immergrünes Mini-Biotop. Amseln und Schwalben brauchen Matsch zum Nestbauen, Igel, Eichhörnchen, Vögel und Insekten zum Trinken oder Baden. Und wenn Wasserinsekten auftauchen, wird es auch für Frösche, Libellen, Molche und Fledermäuse interessant.

Kommen dann nicht viele Mücken?

Ja – und nein. Mückenlarven und andere Kleinstlebewesen wie Flohkrebse können sich in wenigen Tagen bis Wochen vom Ei bis zum Eierlegen entwickeln, und das auch schon in einer Pfütze. Die meisten Larven enden aber als Futter für Vogelküken, Libellen, Fledermäuse, bevor sie zum fertigen Insekt geworden sind. Je naturnaher ein Garten, desto mehr potenzielle Mückenfresser beherbergt er. Auch Wespen mögen und brauchen Mücken. Es wird Mückenlarven im Wasser geben, aber bestimmt keine Mückenplage im Garten.

1

1. Ein richtiger Gartenteich ist für viele ein Traum.

2. Als Mini-Teich lässt sich dieser Traum sogar auf der Terrasse verwirklichen.

MINI-TEICH

Ein echter Teich passt nicht in jeden Garten – aber ein Mini-Teich geht fast überall, sogar auf dem Balkon. Ein Bottich aus einem halben Weinfass, eine alte Zinkwanne oder eine Mörtelwanne mit Kiesschicht beherbergt Wasserpflanzen wie Wasserlinse, Zwergseerose, Sumpflilie oder Wasserminze – fertig. Wichtig ist, dass es mindestens eine flache Seite gibt, damit hineingefallene Tiere wieder rauskommen können. Alternativ kannst du eine Treppe aus Steinen bauen oder einen dicken Ast als Rettungssteg in den Mini-Teich legen.

WASSERTRÄNKEN

Du kannst das blaue Element auch in kleinsten Tupfen als Tränken in deinem Garten verteilen: bodennah für Igel, etwas erhöht für Vögel und Eichhörnchen. Ein Schälchen im Schatten, eins in der Sonne. Dafür einfach ausgedientes Geschirr, alte Untersetzer oder flache Schalen mit Steinen auslegen – für einen sicheren Landeplatz – und mit Wasser auffüllen. Auch Insekten holen sich hier gerne Wasser. Wichtig ist es, solche Tränken täglich zu reinigen. Anders als im Teich gibt es keine Pflanzen und Mikroorganismen, die die Selbstreinigung des Wassers übernehmen. Sonst können Tiertränken schnell zur Krankheitsbörse werden.
Und wenn du deinen Garten doch mal gießt: Kleckere ruhig etwas mit dem feuchten Nass. Die Tropfen sind Mini-Tränken für Insekten. Genauso wie Tauperlen im Moos.

Wasser ist auch wichtig, damit Insekten und Vögel ihre Nester bauen können.

Patchwork macht den Garten klimafest

Der Klimawandel ist längst in unseren Gärten angekommen: Mal ist es zu nass, mal zu trocken – und alles durcheinander. Von Experten empfohlen wird ein Schwammgarten. Gut, dass ein Patchwork-Garten genau das ist: ein kleines Klimawunder direkt vor der Haustür.

KLIMAFEST = ARTENREICH UND UMGEKEHRT

Stockwerk für Stockwerk

Patchwork-Gärten bieten das ganze Jahr viel Struktur: hohe Stauden, mittlere Kräuter, bodennahe Pflanzen – oft alles auf wenigen Quadratmetern. Das schützt nicht nur vor Austrocknung, sondern bremst auch Wind und Starkregen. Hohe Pflanzen fangen das Wasser auf, leiten es zu ihren Wurzeln, tiefer wurzelnde Arten lockern den Boden und helfen, dass Wasser gut in die Erde sickern kann, anstatt darüberzurauschen und davonzufließen.

Grüne Wiese

Ein klassischer Rasen leidet, wenn es heiß wird. Eine bunte Wiese hingegen wächst länger und sammelt Tau, sie wurzelt tiefer und schützt so den Boden, verbessert das Bodenleben und puffert Starkregen besser ab. Selbst wenn die wilde Wiese stellenweise mal verdorrt wirkt, wird sie nach dem nächsten Regen schnell wieder grün.

Mikrostrukturen gegen Extreme

Hügelbeete, Senken, Steinhaufen und dichte Sträucher: All das hilft, Mikroklimata, unterschiedlichste kleine Klimazonen, im Garten zu schaffen. Mulden sammeln Wasser, Wälle bremsen Wind, strukturreiche Beete puffern Temperaturunterschiede. Ein abwechslungsreich gestalteter Garten funktioniert wie ein Schwamm mit Rückhaltebecken – ganz ohne Technik, aber mit viel Wirkung.

Immer von allem etwas

Unterschiedliche Wurzeltiefen und Lebenszyklen sorgen dafür, dass im Garten immer irgendetwas wächst. Während die einen Arten die Dürre überstehen, genießen andere den feuchten Herbst. Heimische Wildstauden, Kräuter, Früh- und Spätblüher sowie Selbstaussäer ergeben ein stabiles, buntes, lebendiges System – auch wenn das Wetter mal wieder völlig durchdreht.

Pflanzen als Wasserspeicher

In einem echten Patchwork-Garten bleibt kaum ein Flecken unbedeckt. Selbst unter Hecken, rund ums Gemüse oder zwischen Stauden wächst etwas. All diese Pflanzen nehmen Wasser auf mit ihren Stängeln, Blüten und Blättern, wie ein Schwamm, und geben das Wasser langsam weiter – an tieferliegende Bodenschichten und an benachbarte Pflanzen. Nackte Erde hingegen trocknet aus, wird steinhart gebacken oder beim nächsten Regen weggespült.

Blühende Steine

Steinflächen gelten oft als unökologisch, aber ganz ohne Pflaster kommt kaum ein Garten aus. Muss auch nicht sein. Richtig gestaltet sind Wege, Sitzplätze und Trittflächen Strukturgeber, Wärmespeicher und sogar Lebensraum.

1

Egal wie betoniert und gepflastert etwas ist, gepatchworkt wird immer. Selbst auf Pflasterflächen und Schottergärten findet die Natur immer einen Weg, Wurzeln zu schlagen und Triebe zu bilden. Ihr liegt das bunt geblümte Patchwork.

Pflegeleicht sind Kieselsteine und Pflaster nicht, auch wenn das oft ein Grund ist oder war, den Vorgarten zu schottern. Klimawandeltauglich sind Steingärten erst recht nicht. Im Gegenteil: Sie speichern tagsüber die Gluthitze eines Sommertages, und strahlen diese ab bis tief in die Nacht. Sonnenwarme Steine am Abend sind etwas Feines, aber nicht, wenn tagsüber 40 °C waren und man nachts eigentlich lieber kühle Luft ins Schlafzimmer lassen würde. Pflanzen statt Steine wirken dagegen wie eine kleine Klimaanlage. Sie kühlen die Umgebung, indem sie Wasser verdunsten, und heizen sich auch nicht so auf.

PFLASTER UND PFLANZEN KOMBINIEREN

Im Patchwork-Garten lockern wir das Pflaster mit einer bunten Pflanzenschicht auf. Durch das Bunte zwischen den Steinen gewinnen nicht nur wir. Jede Pflanze, die sich ihren Platz zwischen den Steinen sucht oder dort hingepflanzt wird, trägt zur Artenvielfalt bei. Schmetterlinge, Bienen, Hummeln und Schwebfliegen sammeln Nektar und Pollen. Libellen jagen kleine Insekten, und Käfer suchen sich eine Blüte zum Schlafen. Wer gerade einen Garten anlegt oder renoviert, sollte deshalb unbedingt ein paar Lücken zwischen den Steinen einplanen. Kommt es auf Trittfestigkeit an, in der Einfahrt oder auf der Terrasse, sind Rasenfugenpflaster, Holzplanken oder Kies eine gute Möglichkeit. Dazwischen darf und soll dann wachsen, was möchte – oder was gezielt gepflanzt wird.

1. Trockenmauern: ökologisch wertvoll und tolle Gestaltungselemente
2. Jede Pflasterfuge bekommt ihr Blümchen, wenn man es wachsen lässt.
3. Thymian zwischen Pflastersteinen sieht nicht nur gut aus, sondern riecht auch lecker.

3

2

„Besser Steine, die blühen, als Steine, die glühen."

Der Blumentopf-Trick

Viele Pflanzen wachsen nicht gern zwischen Pflastersteinen – zu trocken, zu steinig. Trotzdem wächst irgendwann irgendwas. Diesem Prozess können wir auf die Sprünge helfen: Zum Beispiel, indem wir Lieblingspflanzen in Töpfen auf die Steine stellen und blühen, fruchten und sich versamen lassen. Ausführlich beschrieben wird der Blumentopf-Trick auf Seite 91.

1

2

1. Je mehr Steine, desto besser. Aber auch kleine Haufen sind besser als nichts.

2. Steine sind stabile Gartengestaltungselemente und ökologisch wertvoll.

Gut gefällt es Pflanzen, die mit den Anforderungen eines eher trockenen Standortes umgehen können. Hervorragend angepasst sind Steingartenpflanzen wie Hauswurze, Fetthennen, Steinbrech-Arten und mediterrane Kräuter wie Thymian und Rosmarin. Aber auch heimische Stauden wie Katzenminze oder Glockenblumen gedeihen gut in Fugen. Sie versäen und verbreiten sich selbst und sorgen so über das Jahr hinweg immer wieder für bunte Überraschungen. Auch Wegwarten, Königskerze oder Stockrosen fühlen sich zwischen den Fugen wohl, genau wie Rainfarn, Schafgarbe oder Schöllkraut.

Niedrig wachsende Polster wie Mauerpfeffer, Sand-Thymian, Steinquendel, Leberbalsam oder das Felsen-Steinkraut sind ideal für schmale Pflasterfugen – sie bleiben flach, sind trockenheitsverträglich und bilden mit der Zeit dichte Teppiche. Wo häufiger gelaufen wird, sind trittfeste Arten wie Römische Kamille, Kriechender Günsel oder der Gewöhnliche Wegerich besser geeignet – sie halten auch mal einen Fuß aus, ohne gleich Schaden zu nehmen.

UND WAS IST MIT DEN WEGEN?

Auch hier: Lücken lassen oder schaffen. Ein normaler Gartenweg ist mit Rasenfugenpflaster, Holzplanken, Mulch mit Trittsteinen oder einem breitverfugten Pflaster ausreichend trittfest. Dazwischen darf und soll dann wachsen, was will und kann – oder du pflanzt, was eine gewisse dürre Umgebung schätzt und trittfest ist (siehe auch S. 56).

STEINE WERDEN ZUR EIDECHSENBURG

Garten entsiegelt – Steine übrig? Steine speichern Wärme besonders gut und bleiben lange warm, das gefällt vor allem Reptilien. Schichte die Steine an einer sonnigen, geschützten Stelle locker und lückenreich auf. So entstehen Hohlräume in unterschiedlichen Größen, die Tieren Unterschlupf

3

bieten. Spinnen, Käfer, Hummeln oder Libellen nutzen solche Strukturen gerne als Versteck oder Sonnenplatz. Wird der Haufen dagegen eher feucht und schattig platziert, fühlen sich Amphibien wohl. Er muss dabei keineswegs „wild" wirken – bepflanze ihn im Patchwork-Stil und mache ihn so zum charmanten Lebensraum.

Ein Garten für Eidechsen

Als Sonnenplätze mögen Eidechsen auch Totholzstapel und Sand. Außerdem wünschen sie sich Sträucher, Stauden, Kräuter und wilde Wiesen. Hier finden sie Schutz und Nahrung: Auf der Speisekarte stehen Schnecken, Regenwürmer, Käfer, Heuschrecken, Wanzen und Ameisen. Für den Winter brauchen sie frostfreie, trockene Verstecke: Baumwurzeln, Felsspalten, Totholz, leere Mäusenester oder Kaninchenbauten. Laub weitgehend liegen lassen – als Isolierung.

4

3. Steine und Ziegel speichern Sonnenwärme. Eidechsen lieben das.

4. Es muss nicht immer gemauert oder gepflastert werden. Vielfalt zählt auch beim Wegebelag, hier ein Upcycling-Weg aus Holzscheiben.

GESÄUMT, VERKNÜPFT & VERBUNDEN

Bunte Wege durch den Patchwork-Garten

Wir Menschen bauen Wege und Straßen, um A und B zu verbinden. Für viele Tiere und Pflanzen sind unsere Wege Grenzen. Autobahnen sind Todesfallen, aber auch ein hoher Bordstein oder ein Streusalz-getränkter Weg kann schon unüberwindlich sein.

1

Gartenweg mit bunt blühendem Saum – perfekt für den Patchwork-Garten

Schauen wir von oben – mit Karten im Internet geht das wunderbar – auf die Landschaft, sehen wir ein Patchwork aus Städten und Dörfern, Häusern und Plätzen, Wäldern, Seen und Äckern. Verbunden durch ein Netz aus Wegen, Straßen und Schienen. Gepflastert, geteert und versiegelt, mit schweren Maschinen und rasend schnell befahren. Unsere Wege sind gefährliche Grenzen für die Artenvielfalt. Nicht nur weil Tiere direkt als Verkehrsopfer sterben, sondern weil die Straßen und Schienen für sie kaum zu passierende Barrieren sind, die sie von ihren Nistplätzen, Jagdgründen oder von Winterquartieren abschneiden.
Und von Dates. Das klingt vielleicht erstmal nach „Luxusproblemen", beschleunigt aber das Artensterben. Zum Beispiel beim Igel: Igel leben nicht im Familienverbund, sondern in getrennten, sich überlappenden Revieren. Ein Männchen bedient mehrere Weibchen, vereinfacht gesagt. Wenn sich in dieser Patchwork-Familie immer nur Kinder, Geschwister, Eltern untereinander paaren, weil die Jungigel nicht auswandern können und keine neuen Männchen und Weibchen von außen einwandern können, um frische Farben ins Genmaterial zu bringen, erlischt die Art.

LEBENDIGE VERBINDUNGEN

Aus der Perspektive einer Kröte oder eines Regenwurms sind schon hohe Bordsteine ein unüberwindliches Hindernis, offene Flächen ein Todesstreifen, wo kleine Räuber nur zufassen müssen. Wer nicht fliegen oder sehr schnell und weit laufen kann, ist quasi eingesperrt. Damit möglichst viele Arten zwischen Gärten,

Parks, wilden Ecken hin- und herkommen können und in unseren Patchwork-Garten hinein oder hinaus, sind Pflanzensäume an Wegen und Zäunen so wichtig, lebendige Hecken und Wegbegleitgrün.
Und zwar überall. Nicht nur in der Kleingarten-Kolonie oder am Spazierweg im Park, sondern auch und gerade entlang von Radwegen, Straßen, Bordsteinen.
Auch im Garten sollte jeder Weg so gut wie möglich grünes Geleit haben. Wichtig ist, den Tieren auch kleinräumig immer wieder Schutz zu bieten: mit Stauden, Sträuchern, Holzstücken, Steinen, Laub und ungemähten Rasen- und Wiesenstreifen entlang von Zäunen, Mauern, Wänden, ums Hochbeet und den Gartenteich. Je kleiner ein Tier, desto größer fühlt sich auch die kleinste Lücke an.

2

1. Igel haben ein großes Revier, dessen Grenzen mit unseren Gartengrenzen nichts zu tun haben.

2. Auch Trampelpfade sind Wege. Dazu braucht es nicht viel.

Unsere Wege durchschneiden oft die Lebensräume der Gartentiere. Bunte Säume mildern das ab.

ES MUSS NICHT IMMER STEIN SEIN

Ob im Kleingarten oder zu Hause im privaten Bereich, muss auf Wegen und Plätzen nichts generalstabsmäßig geteert und gepflastert sein. Manchmal kommt es zwar auf die Trittfestigkeit an, aber auch hier gibt es Kompromissmöglichkeiten. Gut geeignet sind sogenannte wassergebundene Decken oder auch Rasenfugen- oder Dränsteine. Sie bieten festen Untergrund, lassen aber zum Beispiel Regenwasser abfließen.

Wege aus Holzhäcksel sind ein Kompromiss zwischen Pflaster und Trampelpfad und für Käfer ein toller Lebensraum. In den Fugen wachsen

Auch zwischen Steinen wächst immer irgendwas, zum Beispiel Thymian. Oder man pflanzt und sät, was einem gefällt.

Knöterich und Wegerich, Löwenzahn und Hornsauerklee, Kamille und Wolfsmilch. Und am Rand wie kleine Böschungen: Disteln, Gräser, Glockenblumen, Nachtkerzen oder Stockrosen. Sie bremsen Regengüsse und bieten Pollen, Samen und Unterschlupf für viele Tiere. Dicke alte Äste als Wegbegrenzung schaffen optische Grenzen, sind aber überwindbare Übergänge und gleichzeitig schon Lebensraum. Pflanzen, die von allein kommen, wie Wegerich, Brennnessel oder Schöllkraut, sind tauglich für die Bedingungen, die am Wegesrand herrschen.
Wenn es nicht nur Wildkräuter sein sollen: Versuche es mit Minze oder Zitronenmelisse, Thymian oder anderen Kräutern. Sie sind zwar nicht alle trittfest und winterfest, aber werden überall da wachsen, wo es möglich ist. So entsteht zwischen den Laufwegen ein wunderbar geschwungenes Wuchsbild: dicht an den Rändern, in der Mitte kurz, dazwischen Schleifen und Flecken. So malerisch und harmonisch, wie es keine Gartenplanung hinbekommt, sondern nur ein Patchwork-Gärtner. Und ob gepflanzt oder vermeintliches „Unkraut“: wie immer nur portionsweise und schonend mähen oder herunterschneiden. Kein Gift, kein Essig, kein Flämmen. Das hilft allen, die in diesen Säumen leben und fressen. Denn ihnen wird nie das Dach über dem Kopf abgerissen.

Kein Streusalz im Winter!

Das bequeme Taumittel Salz verätzt die kleinen Füße der Gartentiere, kriechenden Kröten den Bauch, versalzt den Blumen die Freude am Wachsen und dem Boden die Freude am Leben. Sand oder Split zu streuen, ist die bessere Alternative. Außerdem: Bunter Bewuchs bildet längst keine so spiegelglatte Fläche, wenn es friert, wie Asphalt oder glattes Pflaster.

Mauern verbinden

Mauern, Hecken, Zäune – damit begrenzen wir Menschen unser „Revier". Für viele Tiere und Pflanzen sind diese Grenzen wichtig: Sie wohnen darin und sie wandern darin und daran entlang von einem Lebensraum-Fleck zum anderen.

Für Menschen ist eine Mauer eine klare Grenze, die sagt: Bitte nicht hier entlang. Aus Sicht der Tiere ist dieser Haufen aus Stein ein beständiger ordentlicher Fels im bunt dynamischen Gartenleben. Anders als Holz oder Wiese saugen sich Steine nicht voll mit Wasser, wenn es regnet. Das Wasser fließt einfach ab und sobald die Sonne scheint, ist der Stein wieder trocken und warm. Schmetterlinge, Libellen, Eidechsen, Blindschleichen, Käfer und andere Krabbeltiere nutzen Steine und Mauern gerne als Sonnenplätzchen. Denn als wechselwarme Tiere passen sie ihre Körpertemperatur der Umgebung an. Ist die Umgebung warm, sind sie es auch. Und: Je wärmer, desto lebendiger sind sie, können dann besser jagen, fressen, balzen und auch flüchten.

Farbtupfer: Blumen auf der Mauerkrone

TROCKENMAUERN

Natürlich gibt es solche und solche Mauern. Die glatte Betonwand, die alte Backsteinmauer, die Trockenmauer. Vor allem letztere muss auch gar nicht unbedingt etwas begrenzen, sondern kann als Deko-Element in jeden Garten platziert werden. Trockenmauern sind laut Definition Mauern aus Natursteinen, nach Möglichkeit aus der Region,

Patchwork in Perfektion: Zaun, Mauern und Stauden in jeder Dimension

die ohne Mörtel aufeinandergesetzt werden. Es wird nichts angerührt, betoniert, verschmiert und verfugt, sondern „trocken" gemauert. Gestapelt könnte man auch sagen. Gepatchworkt. Deshalb haben Trockenmauern Lücken, die sich gut bewohnen lassen und als Verstecke dienen. Und die sich bepflanzen und bewachsen lassen ...

Das wächst hier

Wer auf einer Mauer wurzeln und blühen will, muss Durst- und Hungerkünstler sein und mit einem Minimum an Wasser und Nährstoffen überleben können, denn die Mauerfugen bieten nur wenig Platz für die Wurzeln, wenig Wasser und auf der Schattenseite auch wenig Licht. Auf der Schattenseite wachsen gerne Farne wie die Mauerraute. Auch Lerchensporn ist gut geeignet. Dessen Samen tragen dann Ameisen die Mauer rauf und runter. Das Zimbelkraut kümmert sich selbst um die Samenverbreitung: Es wächst mit seinen kleinen Blüten zunächst zum Licht, um sie potenziellen Bestäubern entgegenzurecken. Sind die Blüten zu Früchten geworden und in diesen die Samen reif, wenden sich die Triebe um, zum Schatten, zum Boden oder direkt in kleine Mauerfugen hinein. Die Tiere, aber auch Wind und Regen, helfen beim Patchwork, sodass die Pflanzen das mühsame Verbreiten nicht alleine machen müssen.

Lebensraum Trockenmauer

Wenn eine Mauer bunt ist und blüht, dann kommen noch mehr Insekten und Vögel, die dort gerne fressen und jagen. In den Ritzen nisten Hummeln. Spitzmäuse, Eidechsen oder Kröten finden Schutz vor Hitze, Kälte und Trockenheit.

Moose und Flechten – kleine Mauerbewohner

Moose und Flechten lieben Mauern ebenfalls. Keine Angst, Moose wachsen nur obendrauf, machen die Mauersubstanz also nicht kaputt. Sie sind kein Unkraut, sondern ökologisch sehr wichtige Gewächse. Weil sich darin Wassertropfen sammeln, sind es natürliche Insektentränken. Moos ist ein wichtiges Material, mit dem Vögel, Eichhörnchen oder Gartenschläfer ihre Kinderzimmer polstern.

Eine gute Hecke ist wie ein ganzer Garten

Hecken sind Gestaltungselemente im Garten. Aber im wahren Leben sind sie viel mehr: die Wege der Tiere, Autobahnen der Arten. Mit ein bisschen Patchwork bei der Pflanzenauswahl und guter Verzierung können Hecken das auch im Garten sein.

Dass Hecken hauptsächlich in Parks und Gärten vorkommen, liebevoll ausgewählt und exakt in Form gebracht werden, ist relativ neu. Eigentlich sind Hecken typisch für unsere Landschaft. Vor der Flurbereinigung und Intensivierung der Landwirtschaft wuchsen sie entlang von Flüssen, an Wegen und vor Waldstücken. Waren Jagdrevier und Nahrungsquelle für Tausende Tierarten.

Eine Efeuhecke ernährt ganze Starenfamilien.

1

1. Hecken sind optimale Nistplätze.

2. Kleine Säugetiere wie diese Haselmaus leben, lieben, futtern und überwintern in Hecken.

2

HECKENBEWOHNER

In Hecken leben Spitzmäuse aller Arten, Waldeidechsen, Erdkröten, jede Menge Schnecken, mit und ohne Haus, und zahlreiche Vögel: Spatzen, Rotkehlchen, Meisen beispielsweise, aber auch seltenere Arten wie Braunkehlchen oder die Heckenbraunelle. Sie schätzen dort nicht nur den Brutplatz, sondern auch die Möglichkeit, mittelhohe Äste als Ansitz für die Insektenjagd zu nutzen. Igel sind ebenfalls typische Heckentierchen. Sie finden darin Nahrung und Unterschlupf. Im Winter fängt sich im Saum das Laub und wird zu einem warmen Bett. Auch Zitronenfalter und Hummel-Königinnen lieben das als Winterquartier. Feldhasen schätzen das Angebot an Kräutern und Blattwerk, vor allem im Heckensaum, und auch Rebhühner fühlen sich in diesem Lebensraum in der freien Landschaft ganz und gar wohl. Rebhühner werden vom Fuchs gejagt – haben in der Hecke aber doch gute Chancen, ins Gestrüpp zu entwischen. Dann frisst der Fuchs halt Mäuse. Oder Beeren. Die gibt's in einer Hecke auch. Entlang der grünen Korridore kann man bequem von Lebensraum zu Lebensraum wechseln, große Tiere direkt, kleine Arten generationenweise. So kommt man rum in der Welt und trifft auch viele paarungswillige Artgenossen. Klar – solche natürlich gewachsenen Hecken sind nicht das gleiche wie eine rechtwinklig gestutzte Thuja-Front, die mit Dünger, Pflanzenschutzmitteln und Energie am Leben und in Form gehalten wird. Aber in einen Patchwork-Garten kannst du dir leicht ein bisschen wilde Hecke holen. Davon haben wir selbst auch sehr viel: Rundherum bildet sich ein günstiges Kleinklima, die Sträucher bremsen den Wind, filtern Staub und Lärm.

„Hecken sind mehr als nur grüne Zäune. Sie sind für viele Tiere wertvolle Verbindungswege."

Wichtig bei der Auswahl

Es sollte rund ums Jahr immer etwas grünen, blühen, fruchten – mit vielen Blättern für Insekten. Oft ist genau das der Grund, exotische Pflanzen zu setzen, damit eben niemand an den Blättern frisst. Das mag für uns Menschen hübsch sein, für die Biodiversität sind diese Sträucher aber schädlich.

DIE BESTEN HECKENPFLANZEN

Wichtig aus Sicht der Artenvielfalt ist es, viele verschiedene Heckenpflanzen zu setzen. Gehölze wie Weißdorn oder Eberesche sind nicht nur uns altbekannt, sondern auch der Tierwelt. Sie haben rund ums Jahr immer irgendetwas an Blättern, Blüten und Früchten zu bieten. Hasel und Holunder ernähren Hunderte verschiedene Tierarten, direkt durch Blüten und Blätter, aber auch indirekt, indem die Insekten selbst gefüttert werden. Besonders toll macht es das Pfaffenhütchen, wie man auf Seite 94 sehen kann. Noch mehr empfehlenswerte Arten sind zum Beispiel die Berberitze, die mit ihren knallroten Beeren Vögeln Futter und im Geäst geschützte Nistplätze bietet, oder die Eberesche, die früh im Jahr blüht und mit ihren Früchten Vögel, Igel und Mäuse versorgt. Der Faulbaum ist ein Schmetterlingsstrauch, dessen Blüten und Beeren Insekten, Vögel und Käfer anziehen. Die Felsenbirne bereichert den Garten mit hübschen Blüten, schönen Blättern und leckeren Früchten, ebenfalls die Kornelkirsche.

Immergrüne Hecken

Immergrün im Garten ist gut, denn es bietet ganzjährig reichlich Raum zum Verstecken und Nesterbauen. Liguster ist ein guter Tipp für alle, denen an den üblichen, für Tiere nicht nützlichen Heckenpflanzen wie Lebensbaum oder Lorbeerkirsche (Kirschlorbeer) der immergrüne Look gefällt. Er riecht intensiv, viele Insekten mögen den Duft. Die Früchte sind schwarz und für Menschen giftig, aber für Tiere sind sie ein prima Winterfutter. Der immergrüne, kegelförmige Wacholder, Strauchefeu oder die Eibe sind weitere Alternativen. Ginster wie der Besenginster und sein Bruder, der Schwarzwerdende Geißklee, sind zwar keine typischen Gartenheckensträucher, könnten es aber werden. Mit ihren kleinen, harten grünen Blättern sind sie ideal ausgestattet für trockene und warme bis heiße Standorte.

Wildrosenhecke

Anders als das Image der Rose als „Königin der Blumen“ vielleicht vermuten lässt, mit ihren filigranen Zweigen und opulenten Blüten, sind viele Arten sehr robust und winterhart – Wildrosen auf jeden Fall. Sie müssen auch nicht ständig nach einem Masterplan geschnitten werden, damit sie blühen. Sie können mehr oder weniger so wachsen, wie die Natur sie geschaffen hat, und werden nur ab und an im Frühjahr ausgelichtet: Alt

Wildsträucher wie der Weißdorn bieten Pollen, Früchte und Verstecke.

2

1

3

gewordene Haupttriebe werden direkt über dem Boden herausgeschnitten, ebenso vertrocknete, erfrorene, geknickte, über Kreuz wachsende oder von Krankheiten befallene Triebe – oder einfach das, was eben zu viel ist. Rankende Rosen können manchmal recht einnehmend sein. Bitte auch immer bei den Sorten patchworken: Gute Arten sind Hunds-Rose, Wein-Rose, Hecht-Rose und Bibernell-Rose. Gießen musst du Wildrosen nicht. Wenn sie eingewachsen sind, erreichen sie mit ihren langen Pfahlwurzeln problemlos das Wasser in den tiefen Bodenschichten und kommen in einem Patchwork-Garten gut alleine klar. Rosen mögen es im Sommer warm, deshalb vertragen sie auch die steigenden Temperaturen. Im Winter reichen ein bisschen Laub und Mulch an den Füßen, damit sie gut durch die feuchte Kälte kommen. In einem richtigen Patchwork-Garten kommt aber auch das von alleine herangeweht und du hast wirklich keine Arbeit mit den Königinnen.
Mit der richtigen Sortenauswahl blüht eine solche Wildrosenhecke von Ende April bis in den Dezember hinein. Sie bleibt lange grün und die Blätter sind früh im Jahr schon wieder da. Die roten Hagebutten leuchten im Herbst, der Duft ist großartig, nicht nur für Insekten. Sie halten auch lange Trockenperioden aus. Nur eine Pflanze, perfektes Patchwork.

1. Heckenrosen duften großartig und werden nicht nur von Schwebfliegen geliebt.

2. Je bunter gemischt die Hecke ist, desto mehr hat sie rund um das Jahr zu bieten.

3. Kornelkirschen blühen ähnlich leuchtend wie die wenig insektenfreundliche Forsythie.

Hecken statt Zäune: Auch für uns Menschen sitzt es sich umgeben von Pflanzen geschützter und gemütlicher.

Totholz kennt viele Varianten: hier ist es Heckenschnitt, bunt berankt.

MINI-HECKEN FÜR KLEINE GÄRTEN

Für kleine Gärten kann eine große Hecke zu viel sein oder ist nicht erlaubt. Einzelne Wildsträucher sind dann eine gute Alternative. Oder Totholzhecken. Es sei denn, der Garten ist noch kleiner: Dann lege einen Heckenhaufen an. Dafür braucht man nur vier Rundhölzer als Seitenstützen und etwas Astschnitt. Staple das Schnittgut locker auf – etwa 1 bis 1,5 Meter hoch reicht völlig aus. Der Haufen wird mit der Zeit von Käfern und anderen Tieren „verarbeitet", sodass immer wieder Platz für neues Material entsteht. So lassen sich die Vorteile einer Hecke auch auf kleiner Fläche ganz einfach in den Garten integrieren.

HECKEN SCHNEIDEN

Ein Grund, sich gegen eine Hecke zu entscheiden, ist oft die viele Arbeit, vor allem der Schnitt. Häufig erfordern Kleingartenregeln und Bauordnungen, eine bestimmte Breite und Höhe einzuhalten. Aus Sicht der Pflanzen müssen Hecken nicht geschnitten werden. Dürfen es aber ruhig – Stück für Stück, nach und nach, um ihr volles Lebensraumpotenzial zu entfalten. Was widersprüchlich klingt, ist schnell aus Sicht der Evolution erklärt: Vor Tausenden von Jahren hätten sich Auerochsen und Co. auf ihre mega-kräftige Art auf jeden Fall gütlich getan an frischen Trieben und grünen Zweigen, und in freier Wildbahn tun es Hirsche und Rehe heute noch. Die

Heckensträucher stört es nicht, sie treiben an den verbissenen Stellen einfach neu aus. Oft ein bisschen wirr und verzwirbelt. So wurden die Hecken immer dichter, verzweigter und zu einem noch besseren Gebüsch, Versteck und Nistplatz. Das darf und sollte man im Patchwork-Garten ruhig nachmachen. Deshalb sollten auch immer pieksige Gesellen wie Wildrosen, Schlehen oder Weißdorn in die Hecke eingestreut werden. In einem solchen Gestrüpp können Vögel, kleine Säugetierchen und Eidechsen schnell Zuflucht finden, wenn Nachbars Katze, ein Marder oder Sperber unterwegs ist. Schlehen breiten sich allerdings gerne aus und treiben kräftig aus dem Wurzelbereich aus. Wer Platz hat, lässt sie einfach machen – so wird die Hecke mit der Zeit immer noch dichter. Wer das nicht möchte, sollte ein scharfes Auge auf neue Keimlinge haben und mit einer ebenso scharfen Schere regelmäßig gegensteuern. Dann wird aus dem Garten nicht so schnell ein Dornröschenschloss.

Nach und nach statt alles auf einmal

Auch zeitlich wird der Heckenschnitt gepatchworkt. Anders als üblich kurz vor dem Ende des Winters mit der Motorsäge „Tabula rasa" zu machen. Weil es danach ja verboten ist, um keine Vögel beim Brüten zu stören. Danach finden Vögel meist gar keinen Platz mehr zum Brüten. Wenn, dann mache es sanftmäulig wie ein Reh. Immer Stück für Stück, nur das Nötigste und nicht alles an einem Wochenende. In Bäumen und Sträuchern brüten ja nicht nur Vögel ab dem Frühjahr. Vor allem im Winter schlafen viele Tiere dort. Eichhörnchen im Kobel, Igel unten im Gebüsch. Schmetterlingsraupen und Hummelköniginnen oder Fledermäuse haben dort vielleicht ebenfalls ein Quartier gefunden und wollen nicht gestört werden.

Hecke schneiden? Oder nicht schneiden? Beides! Stück für Stück.

Hecken patchworken

Hast du eine Hecke aus einem Guss und die soll auch so bleiben, dann kannst du nach und nach vielleicht einzelne Sträucher ergänzen. Zum Beispiel wenn der ein oder andere Lebensbaum braun wird. Oder du schenkst der Hecke einen bunten Blumensaum oder verzierst die einheitsgrüne Hecke mit rankenden Pflanzen. Noch mehr Ideen dazu gibt es auf Seite 74.

Patchwork? Teamwork!

BLICK ÜBER DEN GARTEN-ZAUN

Zaun, Mauer, Hecke – nur für uns Menschen sind das klare Grenzen. Für viele Tiere ist unser Garten kein abgetrennter Teil der restlichen Umgebung. Deshalb nehmen wir beim Patchwork-Gärtnern auch die Umgebung in den Blick.

Hallo, liebe Nachbarn!

Was wächst und lebt um unseren Garten herum? Wie gärtnern die Nachbarn? Gibt es große Bäume? Oder Schottergärten? Sind in der Nähe Bäche, Straßen oder Landwirtschaft? Was gibt es schon, was fehlt vielleicht noch, um das Patchwork der Lebensräume so bunt wie möglich zu machen? Vielleicht ein Gartenteich für die Molche oder eine Brombeerhecke für die Bilche? Wenn Nachbarn ihre Gärten aufeinander abstimmen, entstehen größere und vielfältigere Lebensräume. Das fördert nicht nur die Artenvielfalt, sondern auch die Gemeinschaft. Mit anderen zusammen lassen sich sogar kleine Biotop-Ketten durch die Anlage schaffen.

Grenzen ziehen

Ist rund um den Garten eine unwirtliche Gegend – eine befahrene Straße, ein Nachbar mit Mähroboter und Giftspritze, ein intensiv landwirtschaftlich genutztes Feld –, dann sollte man klare Grenzen ziehen. Platziere Totholzhaufen, Teich oder Wildblumeninseln möglichst weit weg von der giftigen Grenze. Eine dichte Hecke aus heimischen Sträuchern und ein Wildkräutersaum wirken als Pufferzone gegen Pestizide. Vielleicht ist auch ein dichter Zaun nötig, damit Igelkinder und Krötennachwuchs nicht aus Versehen ins Verderben tapsen.

Trittstein-Biotope

Hast du eine Baumscheibe vor dem Haus, eine Verkehrsinsel in der Nähe oder einen Müllplatz mit Dach? Dann mache daraus sogenannte Trittstein-Biotope. Guerillamäßig oder offiziell können so kleine grüne, blühende Flicken entstehen. Für viele Tierchen sind das echte Oasen. So schaffen sie es leichter und besser in unseren Garten rein und wieder raus, auf zu neuen Lebensräumen! Säe nicht nur Blumen aus, sondern verteile auch kleine Stücke Totholz, Naturstein oder Wasserstellen. Wenn du dich mit der Gemeinde oder der Nachbarschaft abstimmst, kann die Lebensinsel auch größer aufgezogen werden. Mit einem Miniwald oder Sandarium, einem Hochbeet oder einer Bank. Vielleicht mit einem schönen Schild – dann gibt es womöglich sogar Nachahmer.

Lücken und Wege schaffen

Je lebendiger und bunter das Patchwork ist, desto wichtiger ist, dass es Lücken im Zaun gibt und dass die Zäune und Wege bunte Säume haben aus Hecken oder Blühstreifen. Damit Igel oder Eidechsen von Grundstück zu Grundstück gelangen können. Auch Amphibien brauchen freies Geleit, wenn sie sich im Frühjahr aufmachen, um zu ihren Laichgewässern zu gelangen. Und im Sommer, wenn die neuen Mini-Kröten den Teich verlassen.

Das blühende Wunder am Rande

Ob Zaun, Weg, Mauerfuß oder Hecke – jede Struktur, jeder Fleck hat einen bunten Saum aus vielen Pflanzen verdient. Diese Säume verwandeln Barrieren in verbindende Korridore für Pflanzen und Tiere und sind zugleich Lebensraum. Und was für einer.

Pflanzen wie der Breit-Wegerich sind trittfest und wachsen gerne als Saum.

Am Tag scheint die Sonne und auch der Sternenhimmel ist schön. Aber nichts ist so faszinierend wie ein Sonnenauf- oder Sonnenuntergang. Das Farbenspiel, das Licht, die Stimmungen, jede Sekunde und in jeder Richtung sieht es anders aus. Übergänge sind einfach das Beste, was die Natur zu bieten hat. Das gilt auch für die Zonen zwischen Wald und Wiese oder zwischen Wiese und Weg. Weil sich hier die Bereiche verzahnen und sich auf immer neue Art kombinieren, gibt es in diesen Zwischenwelten noch mehr Leben, mehr Biodiversität. Hier patchworkt die Natur selbst, der Wechsel zwischen dichtem Bewuchs, zertretenen Stellen und kleinen Pfützen schafft vielfältige Möglichkeiten für unzählige Arten. Es gedeihen Pflanzen, die robust und anpassungsfähig sind: Breit- und Spitzwegerich etwa, deren zähe Blätter Tritte aushalten und deren Blüten ihre Samen mit Pfoten und Füßen zu neuen Wuchsorten reisen lassen. Auch die zartblaue Wegwarte oder die kleine Weg-Malve sind typische Wegrand-Bewohner, unempfindlich gegenüber Nährstoffmangel, Salz oder Fuß- und Pfotentritten. Wo Pflanzen wachsen, kommen Tiere: Bienen, Hummeln und Schmetterlinge laben sich an Blüten, Grashüpfer und Grillen bewohnen lockere Böden am Rande der Wege. Laufkäfer gehen auf Jagd und auch Vögel wie Kohlmeisen und Grünspechte finden Nahrung in der Vielfalt von Insekten, ebenso Spitzmäuse. Am Wegesrand entsteht so ein fein abgestimmtes Ökosystem – ein kleines Wunder der Natur. Auch an einer Parkplatzmauer, einem Zaun oder einer Hecke ist das so. Zumindest kann es so werden in einem Patchwork-Garten, den wir erst mal selbst machen lassen.

So wunderschön kann ein ökologisch wichtiges Verbindungselement aussehen.

SÄUME BEPFLANZEN

Dass Hecken in vielen Gärten nackte Pflegestreifen haben, liegt nicht daran, dass Sträucher keinen Unterwuchs dulden. In der Natur gibt es keine nackte Erde! Allerdings wird ein solcher nackter Pflegestreifen über die Jahre so hart und knochentrocken wie Beton, dass er zunächst mit der Spitzhacke aufgelockert und mit etwas Pflanzerde aufgebessert werden sollte. Auch ein paar Gründüngerpflanzen können die erste Runde des Unterwuchses bilden, bevor dann richtig gepatchworkt wird. Wenn du in deinem Patchwork-Garten das untere Stockwerk deiner Hecke selbst bunt gestalten willst, dann sind Walderdbeeren, Maiglöckchen, Gräser, Storchschnabel, Frauenmantel, Schneeglöckchen, Blausternchen oder Winterlinge und Taubnesseln gut geeignet. Ebenso einjährige Feldblumen wie Kornblumen, Mohn oder Ringelblumen. Vor allem im Herbst kommt dann ein bisschen buntes Braun dazu: Falllaub. Denn unten in der Hecke sammelt sich Laub besonders gerne, wird herangewehrt und bildet mit den verblühten Saum-Blümchen ein warmes Untergeschoss. Ein tolles Winterschlafquartier für Insekten und Igel. Manchmal blühen die Säume sogar noch bis tief in den Herbst, weil es am Fuß der Hecke schön warm und feucht ist – so ist es immer bunt und voller Leben.

Spannend!

Beobachte, welche Farben und Formen dein Garten im Angebot hat und welche Pflanzen er wachsen lässt, wenn der Saum nicht regelmäßig getrimmt wird.

WER LEBT IM WEGESSAUM?

Für uns ein Streifen wilder Kräuter oder bunter Blumen, für viele Tiere ein ganzes Universum. Nicht nur jede Menge Insekten tummeln sich hier.

Auch Spitzmäuse leben in diesen Säumen: Mit der spitzen Schnauze und den scharfen Insektenfresser-Zähnen knacken Spitzmäuse Asseln, Käfer und Hundertfüßer wie Nüsse. Sie müssen täglich mindestens ihr eigenes Körpergewicht futtern an Insekten – sonst verhungern sie binnen Stunden. Selbst im Winter gibt es keine Pause.

Die häufigste Art bei uns ist die Waldspitzmaus.

Die größte, immer noch sehr kleine Spitzmaus, ist die Wasserspitzmaus.

Die Zwergspitzmaus ist wirklich besonders klein, sie ist nur 4 cm groß.

Wegränder sind mehr als nur Ränder – sie sind lebendige Mini-Biotope. Der ständige Wechsel aus Tritten, Pfützen, Lücken und dichterem Bewuchs schafft Raum für besondere Pflanzen: Wegerich, Wegwarte, Brennnessel oder Schafgarbe – sie alle wachsen da, wo andere längst aufgeben würden. In ihren Blüten tummeln sich Bienen, Hummeln und Falter, in ihren Wurzeln und zwischen ihren Stängeln leben Grashüpfer, Käfer und Springschwänze. Auch Vögel und Spitzmäuse wissen: Hier ist immer was los. Wer diesen wilden Streifen einfach mal wachsen lässt, wird überrascht sein, wie schnell sich Leben einstellt – und wie viel Artenvielfalt in einem unscheinbaren Saum steckt.

Auch Zäune brauchen Säume

So mancher Garten hat weder Hecke noch Mauer, als Begrenzung gibt es nur einen Zaun. Jeder Zaun braucht Blumen an seiner Seite. Nicht nur als Sichtschutz, sondern auch zur Freude aller Tiere, die sich von deinem Patchwork-Garten eingeladen fühlen.

1

Welche Pflanzen wie wo den Zaun am besten beranken und begrünen, hängt ein bisschen davon ab, wie lang der Zaun ist und wieviel Zeit du hast, den bunten Saum zu fördern oder im Zaum zu halten.

KLASSIKER

Efeu und Wilder Wein bilden dichtes Blattwerk und haben Blüten sowie leckere Früchte zu bieten – ein super Gestrüpp für Vogelnester aller Art. Wer viele Meter Gartengrenze zu begrünen hat und die Zeit, sie hin und wieder in ihre Grenzen zu verweisen, ist mit Brombeeren gut beraten. Neben der Echten Brombeere gibt es auch sanftere Arten mit weniger Wuchsfreude, weniger Stacheln, aber ebenfalls leckeren Früchten. Das Geißblatt (Jelängerjelieber) ist ebenfalls empfehlenswert. Waldreben kommen auch wild vor und beranken schnell alles, wenn es ihnen irgendwo gefällt. Im Winter sind sie wegen ihrer fedrigen Samenstände ein hübscher Anblick.

SCHNELLE RANKER

Auf die Schnelle und für den Sommer sind Wicken und die ihnen ähnelnden Platterbsen schöne Rankpflanzen. Sie schätzen sonnige, warme und idealerweise windgeschützte Standorte – und sie werden geliebt von verschiedenen Schmetterlingen und der Blauen Holzbiene. Auch Gemüse darf in den Blumensaum am Zaun. Wie wäre es mit Stangenbohnen und Kapuzinerkresse?

FÜR WILDE ZÄUNE

Wilder Hopfen, Zaunwinde oder die bei seltenen Wildbienen beliebte Zaunrübe sind schön, pflegeleicht und kosten nichts. Die Tierwelt freut sich an den Blüten, Blättern und Früchten. Vergleichsweise handzahm sind sie auch, denn im Winter verschwinden sie wie von Zauberhand. Taucht die Zaunwinde woanders auf, einfach immer wieder abschneiden. Wo sie keine Fotosynthese betreiben kann, gibt selbst die von vielen gefürchtete Pflanze schnell klein bei.

2

3

TOLLE FARBTUPFER: ZAUNGUCKER

Hochwachsende Pflanzen, die zwischen und über den Zaun wachsen wie Stockrosen, Wegwarten, Großer Schuppenkopf, hohe Wolfsmilcharten, Disteln, Alant, Wiesenknopf, Wilde Möhre oder Wilde Karde sind einige Beispiele, die traumhaft blühen. Für uns entsteht ein blickdichter und blütenschöner Saum, für die Tiere ein ganzes Universum. Einige dieser Pflanzen sind sogar für manche Wildbienen oder Schmetterlinge ein exklusives Futterangebot.

DIE KLEINE LÖSUNG

Ist der Zaun – vielleicht wegen des Mietrechts – eher in Stein gemeißelt, und darf oder soll nichts davor gepflanzt werden, dann können ihn Blumentöpfe und Balkonkästen bunt machen. Es gibt viele Varianten, die mit ein paar Haken in oder an den Zaun gehängt werden können. Oder du stellst Töpfe davor und lässt ihm so einen Saum wachsen.

1. Berankt und durchwachsen: blickdichter Zaun dank Sommerblumen
2. Brombeeren wachsen schnell und dicht – und sind auch noch unglaublich lecker.
3. Blumenkübel und Hängetöpfe eignen sich gut zur Begrünung von Zäunen.

„Jeder Zaun kann grüner werden. Und blühender!“

PFLANZEN MISCHEN & KOMBINIEREN

Neue Pflanzen für den Garten

Das Beet bunt bestücken, fein! Aber woher all die Pflanzen nehmen? Nicht aus „Massenpflanzenhaltung“ kaufen und nicht einfach aus der Natur sammeln. Das ist erstens verboten und wenn du Samen oder Ausläufer aberntest, schmälerst du außerdem deren Selbstständigkeit am Wildstandort. Möglichkeiten gibt es aber noch genug.

1

Ganz ideal nutzt du bereits vorhandene Pflanzen aus deinem Garten und gibst ihnen einfach den Raum, sich frei zu entfalten und dort neu zu wachsen, wo es ihnen am besten gefällt.

PFLANZEN SELBST VERMEHREN

Oder du hilfst ein bisschen nach – mit Staudenteilung und Stecklingen. Das hat den Vorteil, dass die Pflanzen den Garten schon kennen und sich mit hoher Wahrscheinlichkeit wohlfühlen.

Stecklinge

Stecklingsvermehrung ist sehr preiswert und super einfach! Gut geeignet sind zum Beispiel Lavendel, Weide, Johannisbeere, Liguster, Felsenbirne, Rosmarin oder Salbei. So geht's: Im Frühsommer einen jungen, gesunden Trieb (10 bis 15 cm, ohne Blüte) schräg anschneiden, die unteren Blätter entfernen und in feuchte Erde oder Wasser stecken. Hell, aber nicht sonnig stellen und gleichmäßig feucht halten.

Ausläufer

Bei vielen ausläuferbildenden Arten wie Walderdbeeren, Glockenblumen oder diversen Kräutern reicht oft schon ein Stück Wurzel. Einfach direkt in die Erde setzen – oder einige Tage im warmen, hellen Wasserglas neue Wurzeln bilden lassen.

Aussaat

Typische Gartenblumen wie Ringelblumen, Mohn, Akelei, Malven, Kornblumen oder Vergissmeinnicht werden idealerweise direkt ins Beet ausgesät. Bei mehrjährigen Stauden ist das Säen oft etwas komplizierter – auch wenn es hinterher mit der Selbstaussaat gut klappt, sobald die Pflanze sich im Garten etabliert hat. Viele Arten brauchen bestimmte Reize: Primeln zum Beispiel eine Kälteperiode, andere Arten eher Licht oder Dunkelheit, viel Feuchtigkeit oder eine Trockenphase. Einfacher ist es, ein paar Starterstauden an strategisch günstige Stellen zu setzen – und ihnen dann die Arbeit zu überlassen.

2

3

PFLANZEN TAUSCHEN ODER KAUFEN

Staudentausch, Pflanzenbörsen, Geschenke aus den Nachbargärten sind auch günstige, ökologische Möglichkeiten, um an neue Arten zu kommen. Wenn du Pflanzen kaufen willst, dann bitte keine Impulskäufe aus dem Discounter oder Gartenmarkt. Die Pflanzen stehen meist in Plastiktöpfchen und wurden mit viel synthetischem Dünger im Gewächshaus großgezogen. Sie sind oft nicht an draußen angepasst, machen schnell schlapp – und verteilen über Nektar, Pollen und Blätter auch noch Pestizide an Hummeln, Raupen und andere Gartentiere. Das Label „insektenfreundlich" bezieht sich höchstens auf die Art der Pflanze. Nicht darauf, wie sie hergestellt wurde. Besser ist es, bei Bio-Gärtnereien, speziellen Wildstauden-Gärtnereien, örtlichen Baumschulen oder bei einem gut sortierten Gartenversand zu kaufen. Dort gibt es die Pflanzen meist zum richtigen Pflanzzeitpunkt – oft mit ausführlichen Informationen zu Pflege und Standort.

1. Stecklinge und Staudentausch: Auch ohne Geld kommt man so an neue Pflanzen.
2. Große Stauden lassen sich am besten im Frühling oder Herbst mit einem beherzten Spatenstich teilen. Schon wieder ein Exemplar mehr.
3. Samen sammeln macht Freude.

Der einfachste Weg

Was andere ausrangieren, kann bei dir noch aufblühen: Am Kompostplatz landen oft völlig gesunde Pflanzen. Mitnehmen, einpflanzen, freuen! Andersherum geht's auch: Schneide Stecklinge, sammle Ableger, fülle Samentütchen, stell sie raus und verschenke sie an alle, die vorbeikommen.

Offene Grenzen, offene Schubladen

Es darf von allem etwas sein. Ärgere dich nicht über den Löwenzahn, der zwischen dem Blau und Weiß der Frühblüher auftaucht. Oder über Tomaten im Blumenbeet, Minze zwischen den Terrassenfugen.

Wo Wildblumen wachsen, gesellen sich Schmetterlinge als Farbtupfer von allein dazu.

Ein Garten nach Pflanzplan sieht aus wie ein Garten nach Pflanzplan. Ein Patchwork-Garten lebt. Das heißt konkret: Hast du viel von einem, ergänzt du ein bisschen vom anderen. In den Beeten wachsen hauptsächlich Pfingstrosen, Hortensien und Dahlien? Dann können woanders im Garten Brennnesseln und Disteln fürs Patchwork sorgen.

DIE RICHTIGE PFLANZE FÜR DEN RICHTIGEN PLATZ

Grundsätzlich gilt aber auch: Pflanze das, was du magst – und was die Artenvielfalt möglichst fördert. Wichtig ist, alle Kandidaten auf ihre Tauglichkeit zu prüfen: Blütezeit, Wuchshöhe, Bodenvorlieben und Lieblingsstandort sowie ihr Wert für Bienen, Schmetterlinge oder Vögel. Ebenso wichtig ist ihre Klimafestigkeit: Sät sie sich selbst aus? Ist sie mehrjährig? Kommt sie auch ohne Winterschutz von alleine wieder? Die vielerorts immer noch übliche Wechselbepflanzung mit Stiefmütterchen, Dahlien, Geranien, Petunien oder Heidekraut ist für ein robustes Beet in Zeiten des Klimawandels ungeeignet.
Es geht nicht darum, Pflanzpläne nachzuarbeiten und womöglich mit Dünger oder Notlösungen zu retten, was am Standort nicht passt. Stattdessen darf ein Beet im Patchwork-

Lieber üppig bunter Wildwuchs als Wechselbepflanzung

Stil wie von selbst wachsen – mit Mosaiken aus Höhen, Farben und Formen, die sich rhythmisch verweben und jedes Jahr ein bisschen anders aussehen.
Beim Patchwork-Gärtnern mischen wir den Garten bunt und lassen alle Elemente verschmelzen. Wachsen soll, was von allein klar kommt und sich selbst aussät. Auch robuste, heimische Arten kommen nicht an jedem Standort gleich gut zurecht. Schicke einfach eine Mischung los – das Schöne am Patchwork-Gärtnern ist: Du darfst dich entspannt zurücklehnen und darauf vertrauen, dass vielleicht nicht alle, aber dafür von manchen umso mehr wiederkommen werden.

Allerweltsblumen sind
auch bei Insekten allseits beliebt.

1

2

1. Umgeben von guten Freundinnen hat auch die Forsythie ihren Platz im Patchworkgarten.

2. Die Kanadische Goldrute kommt oft besser zurecht als andere Pflanzen und breitet sich stark aus.

HEIMISCH VERSUS VIELFALT AUS ALLER WELT

Heimische Arten haben für Wildbienen und andere Arten viel mehr zu bieten als tolle Züchtungen. Tuffig gefüllte Blüten sind oft zu voll, als das noch ein Insekt hineinkommen könnte. Viel zu holen ist ohnehin nicht, denn die pollenproduzierenden Staubblätter sind oft zu Blütenblättern umgezüchtet worden. Die Blüten sind steril, dementsprechend gibt's auch später keine Samen oder Früchte für die Vögel. Für viele Tiere hierzulande gilt leider, dass der Bauer nicht frisst, was er nicht kennt.

Besonders bei Insekten sind viele Arten sehr spezialisiert und auf ganz bestimmte Pflanzen angewiesen. Exotische oder extravagante Züchtungen erkennen sie nicht als Futter und können sie auch nicht verstoffwechseln. So zum Beispiel Kirschlorbeer, Schmetterlingsflieder oder die Kanadische Goldrute. Die sind dir vielleicht schon mal als sogenannte „invasive Neophyten" über den Weg gelaufen.

Invasive Neophyten

Naturgarten oder gestylt, Unkraut oder Blume, Beet oder Rasen, Gemüse oder Blumen, Nutzgarten oder Grünfläche, heimisch oder Neophyt. All diese Kategorien gibt es in der Natur nicht, es sind menschliche Kategorien. Die Kategorie „Neophyt" wurde recht willkürlich nach einem Zeitpunkt benannt, nämlich 1492. Nach der letzten Eiszeit war es hierzulande öde und leer, die meisten Arten waren verschwunden. Was heute typisch ist für unsere Landschaft, kam von anderswo. Manches wanderte auch mit den Menschen ein. Schneeglöckchen, Klatschmohn und Kornblumen, Hasen, Feldlerchen und Schwalbenschwänze. Nach der Landung von Kolumbus auf dem

amerikanischen Kontinent – 1492 – ging das noch mal schneller. In biologischem Fachdeutsch heißen alle Pflanzen, die danach kamen, deshalb Neophyten: neue Pflanzen. Bei Tieren sagt man Neozoen. Zusammengefasst: Neobiota.
Manche dieser Neuankömmlinge fühlen sich sauwohl und verbreiten sich schnell. Viele Lebensräume hier sind durch intensive Landwirtschaft, Flächenversiegelung, Straßenbau und Ordnungswahn gestresst und kaputt. Für so manchen Neuling ist das ein Schlaraffenland. Keiner bremst sie. Der Tross aus Fressfeinden, Krankheiten und Parasiten braucht oft länger fürs Einwandern. Für solche Arten – Schmetterlingsflieder, Nilgänse, Waschbären – wird die eigentlich neutrale Bezeichnung negativ verwendet, oft mit dem Zusatz „invasiv" oder „aggressiv". Weil sie Schäden anrichten: im Obstbau, in der Forstwirtschaft zum Beispiel, oder wenn sie aus Sicht des Naturschutzes die Landschaft verändern. Den heimischen Siebenpunkt-Marienkäfer lieben alle. Der neue asiatische Harlekin-Marienkäfer wird geradezu gehasst. Als „fremde" Art, die unsere Heimat „überwuchert", die es gilt „auszurotten". Solches Stammtischvokabular ist typisch für das Thema, vor allem in den sozialen Medien. Wer sich unbedarft freundlich über Kirschlorbeer oder Goldrute äußert, wird beschimpft, genauso wie Menschen, die für einen sachlichen Umgang plädieren. Dabei spricht einiges dafür: Ökologisch hat kein Tier, keine Pflanze das absichtliche Ziel, anderen zu schaden. Mit schwerem Geschütz und Pestiziden gegen Neobiota vorzugehen, schadet immer auch heimischen Arten. Wer kann schon entscheiden, welche Pflanzenarten mit den Klimaveränderungen gut zurechtkommen und überleben werden?
Mit einem Patchwork-Garten sind wir da fein raus. Wir pflanzen solche Arten nicht mit Absicht, aber wenn sie plötzlich auftauchen, müssen wir ihnen auch nicht böse sein. Stattdessen können wir überlegen, ob wir sie ersetzen. Oder dem Kirschlorbeer und der zwar altehrwürdigen, aber ökologisch wenig nützlichen Forsythie einfach ein paar wilde Freundinnen zur Seite stellen, zum Beispiel Wildsträucher wie Kornelkirsche oder Felsenbirne. Oder sie bekommen Frühblüher an die Füße. Im Patchwork-Garten bleibt sowieso keine Baumscheibe unifarben braun. Oder du setzt einfach eine schöne rankende Pflanze dazu: eine Rambler-Rose, ein Geißblatt oder Efeu. Dann blüht selbst der ödeste Busch noch auf, bildet Früchte – und bietet mehr Nistplätze.

Hier Freund, da Feind

Auch unsere heimischen Pflanzen sind woanders fremd und neu. Neophyten gibt es überall.

Am Ende auch nur ein Käfer: der Harlekin-Marienkäfer

Von wilden Einjährigen bis beständigen Gehölzen

AUF DIE MISCHUNG KOMMT ES AN

Manche Blumen sind fleißige Dauerblüher, andere besetzen gerne jede freie Stelle im Beet, andere wandern durch den Garten, halten sich dezent im Hintergrund oder tauchen immer mal nur kurz irgendwo auf. Was welche Sorte wie macht, hängt ein bisschen von ihrem Lebenszyklus ab. Wer ihn kennt, kann sie gezielter einsetzen, um den Garten jederzeit bunt und blühend zu gestalten.

Stauden: zuverlässig und beständig

Stauden sind krautige Pflanzen, sie wachsen Jahr für Jahr an der gleichen Stelle, verbreiten sich durch Ausläufer und lassen sich durch Teilung vermehren. Manche bleiben teils sogar im Winter mit ihren Pflanzenresten präsent, sodass sie sich anbieten als Versteck für Insekten und Amphibien.

Aus der Zwiebel kommt die Kraft

Zwiebelpflanzen wie Schneeglöckchen, Krokus oder Schachbrettblume überraschen uns im Frühling mit ihrer plötzlichen Farbenpracht – und ziehen sich danach wieder zurück. Sie nutzen die Lücken zwischen Stauden oder Sommerblumen, ohne sich aufzudrängen, und kommen Jahr für Jahr verlässlich zurück, oft an neuen Stellen, wenn sie mit Tieren harmonieren dürfen und gut mit Laub „gefüttert“ werden.

Zweijährige: mit Geduld in die Lücke

Zweijährige Pflanzen zeigen im ersten Jahr oft nur eine unscheinbare Grundrosette, bevor sie im zweiten Jahr mit eindrucksvollen Blütenständen überraschen. Fingerhut, Königskerze (Foto) und manche Glockenblumen gehören dazu. Häufig wachsen sie in einer kleinen Lücke irgendwo, wo wir vielleicht gar keine Blumen pflanzen würden. Wichtig ist, sie nicht versehentlich im ersten Frühjahr auszureißen.

Gehölze: Strukturgeber mit Rückgrat

Große wie kleine Bäume, Sträucher und verholzende Kletterpflanzen geben dem Garten Struktur, sie wachsen langsam und wandern nicht. Sie verbinden die Pflanzflächen, bieten Windschutz, lenken Regenwasser auf die Erde und sind Rückzugsorte für Vögel und Insekten. Und auch im Winter sind sie oft ein Hingucker.

Meisterinnen des Augenblicks

Einjährige Sommerblumen keimen, wachsen, blühen und versamen sich innerhalb weniger Wochen oder Monate. Die Selbstverbreitung erfolgt häufig über Wind, Wasser oder ausgeklügelte Streu- und Schleudermechanismen wie beim Mohn. Mit der Zeit hat man eine Samenbank im Boden, die genau dann aufblüht, wenn die Bedingungen gut passen und sich eine Lücke auftut.

Tiere sind die besten Patchwork-Gärtner

Wie Tiere und Pflanzen zusammenarbeiten, ist faszinierend und komplex. Nicht nur bei der Bestäubung, auch bei der Verbreitung von Samen zeigt sich, dass alles in der Natur ein Geben und Nehmen ist.

1

Der Storchschnabel hat Katapulte, um seine Samenkinder in die Welt hinauszubefördern.

Pflanzen sind an ihrem Wuchsort fest verwurzelt. Laufen, fliegen, schwimmen – das können sie nicht. Und trotzdem tauchen sie überall auf – mitten im Sandkasten, auf dem Scheunendach oder im Kellerschacht. Das Geheimnis: Es sind ihre Nachkommen, die fliegen, laufen oder schwimmen können und so in die Welt hinausziehen.
Einige Pflanzen verlassen sich auf die Schwerkraft – die sogenannte Barochorie. Eicheln, Kastanien oder Haselnüsse fallen zu Boden und rollen oft noch ein Stück weiter, bevor sie zu keimen beginnen. Andere, wie der Reiherschnabel, setzen sich selbst in Bewegung: Die Samen sind spiralförmig und rollen sich bei Feuchtigkeit auf und wieder zusammen. So „kriechen" sie Zentimeter für Zentimeter über den Boden, bis sie den perfekten Platz finden. Lindensamen propellern wie ein Hubschrauber durch die Luft, Löwenzahnsamen schweben an Fallschirmen davon, und Mohnkapseln lassen ihre Schätze vom Wind aus den Kapseln streuseln. Storchschnabelarten bilden kleine Katapulte und werfen so die flüggen Samen aus dem warmen Nest der Mutterblume.
Oder das Springkraut: Mit zunehmendem Saftdruck in den Schoten

explodieren diese förmlich, wenn sie berührt werden, und schleudern ihre Samen in alle Richtungen.

SÄEN UND PFLANZEN DURCH FRESSEN UND VERDAUEN

Auch die Tierwelt hilft fleißig mit, verteilt Samen – und damit auch Blumen – aufs Malerischste im Garten. Perfekt hingetupft, so wie es selbst dem besten Patchwork-Gärtner nicht gelingen würde. Sie finden ihren Weg in jede noch so kleine Lücke, füllen sie mit Leben und schaffen ein einzigartiges, lebendiges Mosaik. Bunt und grün – und weniger Arbeit, weil jeder Flecken Artenvielfalt bringt.

1. Was überall wächst! Pflanzen und Tiere helfen sich gegenseitig.

2. Wenn Ameisen Samen herumschleppen, wachsen die tollsten Blumen an den ungewöhnlichsten Stellen.

2

Wie Pflanzen sich verbreiten! Die Klette macht es besonders energisch.

Tiere als Taxi

Kletten zum Beispiel heften sich an Fell und Federn. Die Wilde Malve hat Samen entwickelt, die schmierigen Schleim absondern und sich so an Tierpfoten festsetzen. Diese „Schwarzfahrt" ermöglicht es den Samen, weite Strecken zu überwinden, bis sie von den Tieren wieder abgekratzt werden. Auch Schöllkraut oder Primeln nehmen gern ein tierisches Taxi. Schneeglöckchen ebenso – am liebsten ein Ameisentaxi. Dafür bezahlen die Blumen sogar. Sie lassen sich an den Samen kleine nährstoffreiche Kugeln wachsen – auf Fachdeutsch Elaiosom genannt, salopper: Ameisenbrötchen. Weil es Ameisen magisch anzieht. Die Tierchen sind regelrecht verrückt danach, für sie ist das wie Schnaps oder Schokolade. Samen um Samen schleppen sie ab, futtern oft schon unterwegs die Köstlichkeit selbst, statt sie im Bau abzuliefern. Damit das nicht auffällt, lassen sie den Rest einfach irgendwo liegen. Unter der Tanne, am Sandkasten – und schon bald wachsen die Blumen überall im Garten.

Gut verdaut ist halb gekeimt

Eine besonders bemerkenswerte Form ist die Endochorie, bei der Samen von Tieren durch deren Verdauungssysteme transportiert werden. Vögel und andere Tiere fressen die Früchte von Pflanzen, wobei die Samen den Verdauungstrakt passieren und dann an einem anderen Ort wieder ausgeschieden werden. Dieser Prozess ist nicht nur praktisch, sondern auch äußerst effektiv: Die Samen werden mit Dünger angereichert und finden so bessere Keimbedingungen. Besonders Vögel spielen eine wichtige Rolle bei der Verbreitung von Früchten wie Kirschen, Holunder oder Brombeeren. In einem Garten oder auf einem Feld kann das zwar lästig werden – weil Pflanzen in unerwünschten Ecken auftauchen –, aber auf natürliche Weise sorgt diese Strategie dafür, dass Pflanzen ihre Kinder über große Entfernungen verbreiten. Da, wo es nervt, schnibbeln wir es weg. Aber da, wo es uns gefällt – ist es super.

„Patchwork-Gärtnern ist kein Pflanzkonzept, sondern ein Gemeinschaftswerk – von Pflanzen, Tieren und uns."

Fressen und Samen verteilen, so arbeiten viele Vögel als Gärtner.
Das Fruchtfleisch bleibt drin, der Kern kommt raus, mit einem Klecks Dünger.

Schnelle Hilfe für schwierige Ecken

Manchmal gibt es Stellen, die man gerne schnell begrünt und bewachsen hätte, die aber kein besonders dankbarer Ort sind: Problemstellen wie Pflasterfugen, Mauern oder Zäune. Säen ist mühsam und geht oft schief.

Lässt man nur wachsen, was kommt, dann ist es eher Unkraut; wartet man auf tierische Hilfe, kann es mehr als ein paar Sommer dauern. Der Patchwork-Gärtner hat drei Werkzeuge, mit denen auch graue, braune, trockene Flächen schnell bunter werden.

EINSCHLÄMMEN

Solltest du nur sehr schmale Fugen und kleine Lücken finden, dann ist Säen besser als Pflanzen. Die Pflanze kann sich so von Anfang an mit den sehr kargen Gegebenheiten gut arrangieren. Kratze dafür die Erde aus den Fugen heraus und mische diese mit etwas neuer Erde, Wasser und Samen, sodass eine schön feuchte Paste entsteht. Schmiere diese Masse dann in die Fugen. Wichtig ist, dass die Samen und später die Keimlinge feucht gehalten werden, bis sie erwachsen sind – aber nie mit zu viel Schwung gießen! Sonst werden sie wieder aus ihrer kleinen Fuge herausgespült.

SÄEN DURCH MULCHEN

Klingt speziell, ist aber supereinfach und perfekt geeignet für große Mengen und große Flächen. Und auch für Vergissmeinnicht, Gänseblümchen – im großen Stil bei einer Blumenwiese, im kleinen sogar mit Moos. Mulch ist das Schnittgut gleichzeitig auch: Schneide von deinen Wunschpflanzen – zum Beispiel bei Freunden oder an anderen Stellen im Garten – die Blütenstände stängel- oder büschelweise ab, wenn die Samen fast reif sind. Breite diese dort aus, wo sie künftig wachsen sollen. Ein bisschen festklopfen – fertig! Feucht halten hilft dem Pflanzennachwuchs, leichter Fuß zu fassen, es klappt aber auch ohne.

SÄEN MIT DEM BLUMENTOPF

Es ist nicht immer einfach, einer favorisierten Pflanze den Standort schmackhaft zu machen, auf dem man sie gern hätte. Besonders, wenn es sich um trockene Steinflächen oder Problemstandorte handelt, auf denen „nichts“ wächst. Dafür ist die Blumentopf-Methode perfekt: Stelle ein, zwei, drei Starterpflanzen in Töpfen genau dorthin, wo die Art demnächst wachsen soll – zum Beispiel Akeleien oder Glockenblumen auf die gepflasterte Fläche vor der Haustür oder die Balkonbrüstung. Dort dürfen sie blühen, fruchten und sich versamen. Lass die Töpfe vielleicht auch mal über die Fläche wandern, sodass überall etwas hinkommt. Einige Samen werden sicherlich ein passendes Plätzchen finden – und keimen, wachsen, blühen, fruchten. Und plötzlich wachsen auf der gepflasterten Fläche vor dem Haus oder in den anderen Balkonkästen Akelei und Glockenblume – zukünftig ganz selbstständig und wie von allein.

Blühende Töpfe:
Die Samen finden so ihren Platz zwischen den Steinen.

Bunter Übergang: Hauswand trifft auf Steinweg.

Eine Frage der Sichtweise: von der Schadspur zum Ornament

Braune Stellen im Rasen machen Gartenbesitzer oft sauer, ebenso Fraßspuren an Blumen und Sträuchern. Wer wagt es, unser Gartenkunstwerk einfach zu verändern?

Die Schuldigen sind schnell gefunden: Wühlmäuse, Maulwürfe, Ameisen, Maikäfer, Schnecken, Buchsbaumzünsler oder Lilienhähnchen – irgendein Tier, ein Insekt wird es gewesen sein. Grundsätzlich ist es so: Die Natur ist zum Leben da, und Pflanzen dazu, gefressen zu werden. Dass Maulwürfe ihre Runden unter dem Rasen pflügen und Insekten jagen, Ameisen ihre komplexen Sozialstaaten unter der Terrassenplatte errichten oder sich Käfer und Co. unsere Blumen schmecken lassen – daran ist alles richtig.

NAHRUNGSKREISLÄUFE IM GARTEN

Blumen produzieren Biomasse, Futter für andere Arten: für Bienen, Käfer, Schmetterlingsraupen. Diese essen die Pollen, trinken den Nektar, knabbern an den Blättern. Auch sie produzieren ja etwas: Biomasse, zum Beispiel Raupen, die durchs Fressen und Fressen immer größer und dicker werden. Sind die Raupen schön fett geworden, schnappt sie sich ein Vogel und stopft sie sich oder seinen Küken in den Schnabel. Igel konsumieren Käfer. Vögel werden von anderen Vögeln gefressen oder von Füchsen und Mardern. So ernähren Pflanzen am Ende alle Tiere dieser Erde. So wie das Pfaffenhütchen (siehe S. 94) nicht nur bestäubende Insekten und Vögel wie Rotkehlchen, sondern über den Umweg Gespinstmotten eben auch Igel, Fledermäuse und Schwalben.
Wenn in unseren Gärten gefressen wird, dann ist das ein Kompliment. Denn hier wird gelebt. Hier stehen keine sterilen, exotischen Züchtungen, die niemand mag. Viele unserer Arten sind auf bestimmte Nahrungspflanzen angewiesen – wenn nur „schädlingsresistente" gepflanzt werden, finden sie nichts zu fressen.

WAS TUN GEGEN VIELFRASSE?

Nimmt ein Tier überhand, grast zum Beispiel das Lilienhähnchen die ganzen Zwiebelblumen ab, ist der Holunder schwarz statt grün vor Blattläusen oder verteilen die Maikäfer im Rasen überall braune Flecken, weil sie sich

1

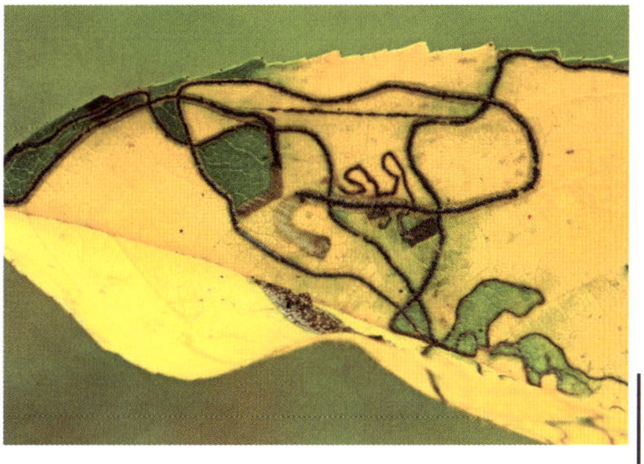

2

über die Wurzeln hermachen, dann ist das kein Grund, diese Arten zu töten und zu jagen – sondern, dass du noch mehr Leben in den Garten holen solltest. Dass der Garten bunter werden sollte.

Mehr Vögel gegen zu viele Lilienhähnchen, mehr Wildrasen gegen Engerlinge. Gibt es nur einige wenige Rasengräser, gibt es auch nur einige wenige Arten im Boden – von denen dann vielleicht viele viel fressen. Je mehr Vielfalt, desto mehr Bodenleben, desto mehr fressen sich die Tiere im Boden gegenseitig, desto weniger Graswurzeln können angefressen werden. Je vielfältiger der wilde Rasen ist, desto schneller ist eine braune Stelle von einer anderen Pflanze wieder grün und bunt bewachsen. Maulwurfshaufen, Wühlmausgänge und Ameisenhügel fallen dann gar nicht mehr so auf, weil sie schnell bunt überwachsen werden. Und auch das hat alles noch sein Gutes: Ein gut durchgegrabener Boden ist gut drainiert – und Mauselöcher sind die besten Hummelburgen.

1. Pflanzen sind zum Fressen da. Sonst gibts keine Schmetterlinge.

2. Blätter sind nicht nur Nahrung, sondern auch Wohnung. Und bei den kleinen Minierinsekten beides gleichzeitig.

PFLANZEN SIND ZUM FRESSEN DA

Für uns, für Insekten, für Vögel, für viele andere Tiere. Wildfrüchte teilen wir gerne, Blüten und Nektar erst recht. Nur wenn jemand an den Blättern unserer Pflanzen knabbert, sind wir plötzlich empört – dabei ist genau das das Natürlichste der Welt.

Ein Beispiel für einen Nahrungskreislauf: Das Pfaffenhütchen füttert durchs Jahr mit Pollen, Beeren und Raupen. Selbst kahlgefressen treibt es wieder aus – und hilft Igel, Fledermaus & Co.

Blattschneiderbienen
Nicht nur Raupen oder Rehe knabbern an Blättern, auch Blattschneiderbienen bedienen sich gern an Rosen und anderen Pflanzen. Sie schneiden kleine Stücke aus den Blättern heraus, um ihre Brutröhren auszukleiden – wie Tapeten für ihre Kinderzimmer.

Kastanienminiermotte
Alle kennen Kastanien – und inzwischen leider auch die braunen Flecken auf ihren Blättern. Grund ist ein kleiner Falter, die Kastanienminiermotte. Ihre Larven leben, fressen und wachsen im Innern der Blätter. Anfangs dachte man, das schadet den Bäumen. Heute weiß man: Die Kastanien überleben es meist gut – und die Mottenlarven füttern viele andere Tiere.

Pflanzengallen
Manche Blätter sind verbeult, gekräuselt oder kugelig. Das ist kein Schaden, sondern ein Trick. Motten, Käfer, Wespen oder Milben legen ihre Eier in ein Blatt und geben dabei spezielle Stoffe ab. Die Pflanze reagiert darauf mit einer Art Abwehrreaktion. Dadurch wächst das Blatt um diese Stelle herum, wuchert und so entsteht ein sicherer Kinderstubenplatz für die winzigen Larven.

Gefräßige Gäste im Gemüsebeet
Wenn dein Gemüse plötzlich fast bis auf die Blattrippen abgefressen ist, stecken Raupen oder Schnecken dahinter. Auch die sind wichtige Teile des ökologischen Kreislaufs sind. Am Ende flattern Schmetterlinge durch den Garten. Und Schnecken ernähren die wunderbaren Glühwürmchen. So hängt alles mit allem zusammen.

Käfer in der Haselnuss
Wenn du eine Haselnuss mit einem kleinen Loch findest, war sie nicht immer leer, sondern ein Kinderzimmer für den Haselnussbohrer-Käfer. Meist sind an einem Strauch noch genug übrig – für dich und für die Eichhörnchen als Vorrat für den Winter.

WOHNUNGSBAU IM PATCHWORK-GARTEN

LIEBER UNKRAUT ALS ZUCKERWASSER

Hummeln mögen es wild. Für ihr Nest nehmen sie gern Laub und Mauselöcher. Aber auch ein verlassener Nistkasten wird angenommen.

BESSER WILD ALS STYLISCH

Wildes Wohnen statt schicker Häuschen

Patchwork zu verzieren ist keine Kunst, sondern sehr sinnvoll. Besser als Gartenzwerge oder Windspiele sind Nistkästen und viel bunte Pflanzendeko – auf jedes Dach, an jede Fassade, in jede Fuge.

Wohnraum für unsere wilden Tiere ist ziemlich nötig: Sie haben in den leergeräumten Kulturlandschaften Wohnungsnot und finden auch immer weniger zu fressen. In der Stadt geht es vielen sogar oft noch besser als auf dem Land. Die Landwirtschaft braucht große Felder, die gut mit Maschinen zu befahren sind – Hecken stören da nur. Pestizide machen es für Insekten fast unmöglich, in landwirtschaftlich genutzten Gegenden zu überleben. Ohne Insekten überleben dort auch keine Igel oder Vögel. Morsche Bäume mit Löchern und loser Rinde werden gefällt, Laub wird überall weggesaugt, Ruinen werden abgerissen oder saniert, Holzpfähle in Weinbergen und auf Viehweiden werden durch langlebigere Stützen aus Beton ersetzt.

ACHTUNG BEIM KAUFEN ODER BAUEN!

Nistkästen, Futterhäuschen und Insektenhotels gibt es mittlerweile überall – niemand muss selbst basteln und bauen. Vor allem Insektennisthilfen sind allerdings oft besser gemeint als gemacht.

Wie eine richtig schöne Wohnung aussieht, da haben viele Insekten andere Vorstellungen als Menschen. So schick, stylisch und dekorativ viele Häuschen und Kästen auch sind, sie sollten nur die Deko auf der großen Fläche eines bunten Patchworks sein. Funktionieren sollte der Garten auch ohne. Im Patchwork-Garten klappt das, ohne dass man sich groß Gedanken darum machen muss. In der bunten Vielfalt im Großen und im Kleinen sind bereits jede Menge Insektenhotels eingearbeitet.

NATÜRLICHE INSEKTENWOHNUNGEN

Weit mehr als die Hälfte der Wildbienenarten nisten oder überwintern lieber in losem Sand oder lehmiger Erde, zwischen Pflasterfugen zum Beispiel, in Felsspalten, alten Vogelnestern, Asthöhlen oder Mauselöchern. Nicht in Insektenhotels. Vor allem Hummeln lieben Mauselöcher. Es ist wichtiger, dass es die gibt in einem Garten – und reichlich leckeres Hummelessen wie Glockenblumen, Taubnesseln oder Thymian – als eine tolle Hummelburg.

Nistkästen hat’s nie genug

Nur Spechte hämmern ihre Höhle selbst. Sperlinge, Meisen, Kleiber, Stare und andere Vögel suchen sich fertige Höhlen in Bäumen. Und Nischenbrüter wie Rotkehlchen oder Amseln legen ihre Nester am liebsten in Mauerspalten oder in dichtem Heckengebüsch an.

1

Natürliche Hohlräume sind selten geworden – weil alte Bäume selten geworden sind und baufällige Häuser abgerissen oder saniert werden, die kleinste Lücke in Mauern und Dächern aus Wärmeschutzgründen zugedämmt wird. Künstliche Nisthilfen sind deshalb sehr wichtig. Welcher Vogel einzieht, lässt sich über die Bauweise steuern. Eine bunte Mischung an Lochgrößen oder Formen zieht unterschiedliche Arten an.

NISTKÄSTEN AUFHÄNGEN UND PFLEGEN

Beim Aufhängen ist Mix and Match angesagt. Ideal sind Höhen von 2 bis 4 Metern, das ist aber von Art zu Art verschieden: Mauersegler brüten gern hoch oben, Nischenbrüter lieber etwas niedriger. Manche Vögel wie die Blaumeisen legen sehr viel Wert auf ihr eigenes Revier, andere wie Spatzen, Stare oder Schwalben sind Koloniebrüter, sie mögen es gern gesellig. Ihnen solltest du auf jeden Fall mehrere Wohnungen direkt nebeneinander anbieten. Und wenn man nicht möchte, dass frühbrütende Arten wie Meisen alle Wohnungen unter sich aufteilen, hängt man die Kästen nach und nach auf. Dann finden auch Arten, die erst spät im Frühjahr aus dem Winterquartier kommen, noch eine Bleibe, Trauerschnäpper zum Beispiel.
Besser Leerstand bei den Nistkästen, als dass ein Vogel auf Wohnungssuche leer ausgeht. Oder ein anderes Tier. Denn auch Fledermäuse, Garten- und Siebenschläfer oder Hornissen haben Wohnungsnot. Auch im Winter werden die Kästen deshalb reichlich genutzt, nicht nur von Bilchen, sondern auch von Zitronenfaltern, Hummelköniginnen oder Florfliegen. Als Schutz vor Katzen oder anderen Einbrechern bietet sich Maschendraht an oder stachelige Ranken kreuz und quer über dem Kasten. Die Vögel schlüpfen durch, die Räuber bleiben draußen.
Wichtig: Nistkästen müssen nicht saubergemacht werden. Wenn man es dennoch machen möchte, dann nicht im Winter, sondern Ende

2

1. Meisen lieben Höhlen, und viele andere Tiere auch.

2. Disteln sind das Ein und Alles von Stieglitzen: als Fressen und als Nistmaterial.

August oder Anfang September. Dann sind die Bruten durch und die Winterschläfer noch nicht im Bett. Und wer sich im Frühling sorgt, dass zu wenig „leerer" Wohnraum für die Vögel da sein könnte, hängt einfach noch ein paar mehr auf.

MATERIAL FÜR DEN NESTBAU

Um ein richtig gutes Nest bauen zu können, brauchen die Tiere eine bunte Mischung an Material: Laub, Reisig, Moos, alte Pflanzenfasern von Brennnesseln oder auch fluffige Distelfasern, Totholz und Matsch. Es ist je nach Art ein bisschen unterschiedlich, welche Vorlieben es gibt fürs Nestbauen. Im Patchwork-Garten ist dies alles reichlich im Angebot. Auch das Buffet ist gut bestückt. Zur Brutzeit sind Vögel Insektenfresser, von Blattläusen und Grashüpfern bis zu Mücken, Raupen und Käfern. Außerdem gibt's Würmer, Asseln, Spinnen und später dann Samen von Giersch, Löwenzahn und Brennnessel. Dazu Efeubeeren und andere leckere Wildfrüchte.

ORIENTIERUNGSHILFE FÜR EINFLUGSLÖCHER

- 27 mm: die meisten Meisenarten (Blaumeise, Tannenmeise, Haubenmeise)
- 33 mm: Kleiber, Kohlmeise
- 35 mm: Haussperling, Trauerschnäpper
- 50 mm: Star
- Ovale Öffnung, 48 mm breit, 32 mm hoch: Gartenrotschwanz
- Ovale Öffnung: Mauersegler
- Öffnung ca. 70 x 50 mm, direkt am Stamm: Baumläufer
- Große Öffnung, ca. 50 x 100 mm: Nischenbrüter wie Hausrotschwanz, Bachstelze, Grauschnäpper, Rotkehlchen

Haufenweise Lebensräume

Das beste Insektenhotel ist immer noch ein Totholzhaufen. Wenn du nicht nur Bienen einladen willst, sondern auch Käfer, dann sollte der ein Tiefgeschoss bekommen aus altem Holz und Schredder – einen sogenannten Käferkeller.

1

Neugierig, wer im Kasten oder im Haufen wohnt? Nicht ständig nachschauen – das stört die Tiere. Vorher eine **Webcam** hineinschmuggeln oder eine Wildkamera im richtigen Winkel aufstellen.

Neben Wildbienen-Nisthilfen gibt es auch Florfliegenfächer, Hummelburgen, Schmetterlingskästen, Marienkäferkisten oder Ohrkneiferglocken, Krötenamphoren und Igelhäuschen. Diese Hilfen sind zwar harmlos, werden jedoch oft wenig genutzt. Hummeln nisten lieber in alten Mauselöchern, und Florfliegen oder Zitronenfalter am Fuß von Apfelbäumen im alten Laub.
Wildbienen mögen Sand und freuen sich über ein sogenanntes Sandarium: eine offene, sonnige Stelle mit lockerem, nährstoffarmem Sand, in den sich tolle Brutröhren bauen lassen (siehe S. 44). Nach herkömmlicher Sichtweise sieht das allerdings alles nicht so dekorativ aus wie ein schickes Häuschen.

EIN BISSCHEN WILDNIS IST WICHTIG

Denn nur dann haben die Tiere alle Möglichkeiten, Nistmaterial zu finden. Das gilt für Vögel, aber erst recht für Gartenschläfer, Spitzmäuse, Eichhörnchen oder Igel. Die wollen ja alle nicht nur einen Platz im Haufen oder Nistkasten, sondern sie wollen ihre Behausungen mit Moos, Federn, Reisig, altem Gras und fluffigen Distelsamen so richtig „hygge" machen. So manche Tierart steht auch auf eher schräges oder sehr spezielles Zeug fürs Kinderzimmer: Aaskäfer legen ihre Eier in Aas, der Haselnussbohrer in Haselnüsse, Eichelbohrer in Eicheln und Dungkäfer oder verschiedene Schwebfliegen in tierische Hinterlassenschaften. Das Leben ist bunt wie ein Patchwork-Garten.
Deshalb ist das allerbeste „Tierhotel" tatsächlich ein bunter Haufen aus Totholz, Rinde, Baumstücken, Ästen und Zweigen, gemischt mit Steinen und mit vielen Farben von Laub, Moos, Pilzen – der außerdem nicht besonders gut gepflegt ist, und in dem sich Pilze, Vogelkleckse und Schnecken druntermischen dürfen. Solche Haufen sind in der Kombination eines „Haufen-Durcheinanders" besonders wertvoll. Alles zusammen isoliert schön, und durch die besondere Struk-

1. Totholz: Es muss nicht immer ein wilder Haufen sein.

2. Totholz im Garten: Strukturelement und Lebensraum

3. Nashornkäfer auf dem Weg in den Käferkeller

tur hält der Haufen die Wärme und bildet Höhlen und Hohlräume. Ein Zimmer im Zimmer – und in diesem Zimmer wieder welche ...
So bietet er alle Möglichkeiten: von kleinen Schlupfwinkeln für Spinnen und Käfer über feuchte Ecken für Molche, Frösche und Kröten bis zu größeren Höhlen für Spitzmäuse, Igel und Co. – so gut, wie man es gar nicht nachbauen kann.

VIELFÄLTIGER LEBENSRAUM

Es werden nicht nur die Tiere kommen. Ein solches „Hotel" ist auch ein Lebensraum für Pflanzen, Moose, Pilze, Farne und Flechten, die den Haufen bewachsen und wiederum Nahrung für noch mehr Tiere bieten – und es noch bunter und lebendiger machen. Mit der Mischung aus Materialien und einer gewissen Unordnung kommt auch der Zufall ins Spiel. Wenn am Laub beispielsweise noch Pflanzengallen hängen (das sind diese dicken Kugeln, die von Blättern gebildet werden, wenn Insekten darin ihren Nachwuchs ablegen), nisten sich manchmal auch seltene Bienenarten ein. Außerdem: Die Tiere müssen ja auch fressen – und in der gestylten Sterilität finden sie nichts. Einzelne Arten mögen durch gekauftes Futter satt werden, Vögel zum Beispiel, wenn auch eher schlecht als recht. Aber der Rest braucht eine bunte Mischung von allem. Marienkäfer verputzen vor allem Blattläuse und Spinnmilben. Andere Käfer leben von Pilzen, von Holz, von Fell oder Federn, von Schnecken, altem Laub und Pflanzenresten – manche fressen Blüten, Blumen und Gräser.
Das alles kann eine Igelburg, ein Florfliegenkasten oder ein Vogelhäuschen alleine niemals bieten – selbst wenn man mehrere davon in den Garten integriert und beim Bauen oder Kaufen alles richtig gemacht hat.

Wenn so ein Haufen doch mal stört oder weg soll – **Stück für Stück** wegräumen, nicht an einem Tag. So sind die Bewohner gewarnt und können sich eine neue Bleibe suchen.

Nachts bleibt der Patchwork-Garten dunkel

KEINE LICHT-VERSCHMUTZUNG!

Licht im Dunkeln hat etwas Magisches. Auch im Garten. Unsere tierischen Gartenmitbewohner finden es allerdings weniger magisch, wenn das grüne Wohnzimmer auch nachts taghell erleuchtet wird.

Weniger Licht im Garten

Im eigenen Garten so wenig Licht machen wie möglich! Überflüssig ist alles, was ausschließlich dekorativen Zweck hat. Lichterketten und Leuchtkugeln im Beet zum Beispiel. Übrigens verursachen auch Solarlichter Lichtverschmutzung.

Zu viel Licht stört den Bio-Rhythmus

Blätter werden durch Dauerlicht dicker – so dick, dass keine Schmetterlingsraupe mehr daran fressen kann. Bäume werfen ihr Laub zu spät ab, weil sie denken, es sei noch Sommer. Blumen blühen zu früh oder produzieren Nektar und Duftstoffe dann, wenn die Insekten vielleicht noch gar nicht geschlüpft sind oder zu einer anderen Tageszeit aktiv sind. Wird die Nacht zum Tag, dann kommt nicht nur der Schlaf-Wach-Rhythmus einzelner Lebewesen durcheinander, sondern ganze aufeinander eingespielte Ökosysteme.

Notbeleuchtung muss sein

Was bleiben soll oder muss, lässt sich entschärfen: Mit Bewegungsmeldern und Zeitschaltuhren, die das Licht nur anmachen, wenn es gebraucht wird. Außerdem: möglichst „warmweiße“ Leuchtmittel wählen, die sind insektenfreundlich. Neutralweiß oder auch Tageslichtweiß ist zu „kalt“. Den Strahlungswinkel so verändern, dass die Lampe nicht genau auf Bäume, Wiese oder Teich leuchtet. Und: das Licht niedriger anbringen. Kleine Lampen, die in Knöchelhöhe den Weg erleuchten, bringen den Menschen Sicht und Sicherheit und stören die Tierwelt wenig.

Insekten sterben durch Licht

Zu viel Licht ist eine der Ursachen für das Insektensterben. Glühwürmchen sind das Paradebeispiel. Eigentlich völlig unscheinbare braune Käfer werden in der Dämmerung der Sommermonate zu magischen Wesen. Die Glühwürmchen-Männer schwirren umher, auf der Suche nach Weibchen, die um die Wette leuchten. Die Männchen suchen gezielt nach kleinen Lichtpunkten in der Dunkelheit. Dort, wo es sehr hell ist, fliegen sie nicht hin. Sitzen die Weibchen unter einer hellen Lampe, passiert also gar nichts. Keine Hochzeit, keine Eier, keine neuen Glühwürmchen.

Gut gepflanzt, ist halb beleuchtet

Weiße Blüten, wie diese Kosmee, leuchten auch noch im fast Stockdunklen wie kleine Sterne. Pflanzen mit hellem, filzigem, silbrigem oder weißgrünem Laub sind wie kleine Gartenlampen, sie verstärken das Mondlicht und lassen ihre Blätter und Stängel leuchten. Manche Blumen beginnen erst nachts so richtig zu duften – und locken viele Nachtfalter an.

Lebensräume auf Dächern und Wänden

Der Garten ist nun bunt, aber es gibt noch viele weitere Flächen, die Potenzial fürs Patchwork-Gärtnern bieten: Wände, Fassaden und Dächer sehen grün bepflanzt nicht nur schön aus, sondern machen den Garten zusätzlich klimafest und artenreich.

„Jeder Zentimeter zählt: Patchwork-Gärtnern lässt sich überall."

Häuser mit grüner Fassade, eingehüllt in Wilden Wein und Efeu, sind wie mit einer guten Outdoorjacke vor Regen, Sonne und Temperaturschwankungen geschützt – besonders, wenn auch das Dach mit Kräutern und blühenden Blumen bedeckt ist. Und jeder Meter zählt. Grüne Dächer und Fassaden können Wasser aufnehmen und mildern so die Folgen der Bodenversiegelung. Die Pflanzen produzieren Sauerstoff, speichern CO_2 und säubern die Luft von Staub und Schadstoffen. Außerdem sind sie zusätzliche Lebensräume – gut für die Artenvielfalt. Größere Projekte wie begrünte Garagendächer oder ganze Hausfassaden sollten professionell geplant und begleitet werden. Auf kleineren Flächen kannst du direkt lospatchworken: Kletterpflanzen können das Regenrohr hochwachsen oder die Garagenwand begrünen, und auch das Dach vom Vogelhäuschen oder der Mülltonnen-Unterstand kann bepflanzt werden.

BEPFLANZTE DÄCHER

Die Auswahl an möglichen Pflanzen ist groß, und am besten entscheidest du dich wie immer für eine möglichst bunte Mischung. Dach-Hauswurz, Mauerpfeffer, Grasnelken, Steinbrech – diese anspruchslosen Arten wachsen auch auf Mauern und Dächern und bieten Insekten wie Wildbienen und Schmetterlingen Nahrung. Auch Kräuter wie Thymian oder Wildpflanzen wie Huflattich und kleine Glockenblumen sind hervorragende Kandidaten – sie kommen gut mit Trockenheit und wenig Wasser aus.

Auch ein eher karger Lebensraum wie ein Dach bietet vielen bunten Arten den perfekten Platz.

Kleine Strukturen für Dachflächen

In das grüne, blühende Dach kann je nach Fläche noch ein bisschen gepatchworkt werden: Schütte kleine Sandhaufen auf – sie bieten verschiedenen Wildbienen und anderen Insekten Platz für ihre Brutröhren oder zum Sonnen. Dazu einige Stücke Totholz – das freut vor allem Käfer. Auch Moose, Flechten und Pilze werden es besiedeln.
Und: Wasser braucht's auch. Lass eine Stelle unbepflanzt und kleide diese Senke mit Folie oder Lehm aus, damit sich Regenwasser darin sammeln kann. Dann können Insekten hier trinken und Vögel feuchte Matsche holen, um ihr Nest zu bauen. Damit die Tiere gut landen können und nicht aus Versehen ertrinken, lege einige Steine oder Totholzstücke hinein.

Jede horizontale Fläche bepflanzen? Warum nicht! Auch Futterhäuschen haben Dächer.

ARBEITEN NACH DEM PATCHWORK-PRINZIP

SCHÖNE BLÜTEN, SCHÖNE TIERE

WER A SAGT – SO EIN SCHÖNER KÄFER –, MUSS AUCH B SAGEN …

… und Engerlinge im Garten beherbergen. Denn viele der aufsehenerregend schönen Brummer leben viele Jahre als weiße „Würstchen" im Boden.

Ein Garten ist jeden Tag anders

Der Frühling beginnt offiziell am 20. März, meteorologisch schon am 1. März – und in Wirklichkeit jedes Jahr und an jedem Ort zu einem anderen Zeitpunkt. Fachsprachlich nennt man dieses Jahreszeiten-Patchwork „Phänologie".

Nicht das Datum, sondern Temperatur und Lichtverhältnisse entscheiden, wann Pflanzen blühen und Tiere aktiv werden. Dieser natürliche Ablauf wird im phänologischen Kalender erfasst, der nicht nur vier Jahreszeiten kennt, sondern ganze zehn. Schneeglöckchen und Haselkätzchen markieren den ersten Frühling, Apfelbäume den Vollfrühling. Dass es Sommer ist, zeigen uns die Holunderblüten, wenn die Beeren reif werden, ist es Herbst und wenn es richtig Winter wird, bleibt oft nur das Moos grün.

PATCHWORK-GÄRTNERN ALS LÖSUNG

Doch in Zeiten des Klimawandels gerät selbst dieser fein abgestimmte Rhythmus aus dem Takt. Blühphasen verschieben sich, überlappen sich oder fallen ganz aus. Denn das Klima wird ja nur im Durchschnitt wärmer. Es wird vor allem wankelmütiger und extremer: Mal blühen die Rosen bis Weihnachten, mal liegt Ostern Schnee, im August kommt Frost und im November noch mal 22 °C. Statt klarer Übergänge erleben wir ein Neben- und Durcheinander der Jahreszeiten.

Starre Gartenregeln funktionieren noch weniger als früher. Und genau für dieses Patchwork der Jahreszeiten – ein Patchwork aus Wärme, Frost, Regen und Trockenheit – ist das Patchwork-Gärtnern ideal: Wer immer von allem nur ein bisschen macht, wer bunte Vielfalt an Pflanzen und Strukturen im Garten hat, ist auf der sicheren Seite. Egal, was im Kalender steht. Wenn Hummelköniginnen im Februar schon losbrummen, finden sie frühe Blüten. Wenn der Laubhaufen noch da ist, kann der Igel noch mal ins Bett, auch wenn ihm Tag-Nacht-Rhythmus und Temperaturentwicklung eigentlich signalisiert hatten, dass es Zeit ist aufzustehen.

„Die Natur kennt keine festen Termine, im Klimawandel weniger denn je. Im Patchwork-Garten gibt's trotzdem keinen falschen Zeitpunkt."

Mut zur Lücke

Was wie wann genau? Das kümmert Patchwork-Gärtner wenig, denn wenn man von allem ein bisschen macht, dann macht man nie zu viel und nie zu wenig. Das Gartenjahr hält viele wiederkehrende Arbeiten für uns bereit.

1

Vieles davon machen wir einfach so, weil man es eben so macht. Das Meiste ist für einen klimafesten Garten und für die Artenvielfalt falsch.

UMGRABEN

Bei einigen üblichen To-dos darf der Mut zur Lücke ruhig größer ausfallen – beim Umgraben zum Beispiel: Das ist nicht nötig, eher sogar schädlich. Denn jeder Boden – ob sandig, lehmig, tonig oder steinig – hat eine von oben nach unten gewachsene Schichtung und steckt voller Lebewesen: Bakterien, Rädertierchen, Algen und Einzeller, Pilze aller Art, die man so gar nicht als Pilze erkennt, Regenwürmer, Borstenwürmer, Fadenwürmer und andere Würmer, Asseln, Tausendfüßler, Springschwänze, Milben, Käfer, Käferlarven ... In einer Handvoll Boden leben mehr Wesen als Menschen auf der Erde, heißt es. Und weil es eben nicht nur eine Handvoll Erde mit Tieren darin ist, sondern eine Handvoll einer höchst systematisch und uhrwerkartig zusammenarbeitenden Lebensgemeinschaft, bringt Umgraben diese lebendige Ordnung völlig durcheinander.

HECKEN SCHNEIDEN

Der Heckenschnitt-Countdown zum Ende des Winters: Nur weil etwas in einem bestimmten Zeitraum erlaubt ist, muss man es nicht tun. Viele denken, dass Hecken noch im Winter geschnitten werden müssen, bevor es ab März dann verboten ist. Beides ist falsch. Erstens: Hecken müssen aus Sicht der Pflanzen nicht geschnitten werden – zumindest nicht regelmäßig und nicht rigoros. Der Stichtag richtet sich nach der Vogelbrutzeit, damit keine Nester zerstört werden. Ein radikaler Rückschnitt davor nimmt Vögeln aber viele Möglichkeiten, überhaupt zu nisten. Dass in vielen Hecken auch Igel, Haselmäuse, Spitzmäuse oder Insekten überwintern, berücksichtigt das Gesetz erst recht nicht. Zweitens: Verboten sind drastische Fällarbeiten. Einen ganzen Baum umsägen, die Hecke auf den Stock setzen oder die Efeu-Wand komplett entfernen. Kleinere Pflegemaßnahmen sind auch nach dem Stichtag erlaubt. Wenn etwas nötig sein sollte – damit die Hecke nicht zu raumgreifend wird –, sollte man das so gut wie möglich auf verschiedene Zeiten verteilen und immer nur stückchenweise schneiden. So

2

1. Efeu blüht im Herbst, wenn fast nichts mehr blüht. Die letzte Nahrung für viele Insekten.

2. Auch Bodenlebewesen wollen geliebt werden. Umgraben, Verdichten, Pestizide und Kunstdünger sind das Gegenteil davon.

bleibt immer genug Lebensraum und keine Tier-WG wird wohnungslos. Patchwork-Gärtnern ist immer erlaubt. Eine Ausnahme besteht, wenn es Sicherheitsanforderungen gibt oder der Kleingartenvorstand Abmahnungen verschickt. Aber: Wenn der Kleingartenvorstand auf Ordnung vor der Hecke besteht, darf es hinter der Ecke, auf der eigenen Parzelle, trotzdem bunt weiter wachsen.

PER HAND STATT MIT MOTOR

Alle nötigen Arbeiten sollten, wenn möglich, ohne Maschinen erledigt werden. Ja, das ist mühsam und mit Handgeräten kommt man nur langsam voran. Genau das ist das Problem an Motorsensen, Fadentrimmern, Laubsaugern, Astschnitthäckslern usw. Damit ist es verführerisch leicht, den Garten bis unter die letzte Heckenecke leer zu machen – bis in die letzte Rückzugsecke kleiner Tiere. Wer von den Maschinen nicht getötet wird, stirbt später. Das Dach über dem Kopf ist weg, das Futter vernichtet. Wer das Laub mit dem Rechen einsammelt, hört auf, wenn das Wichtigste erledigt ist. Patchwork-Gärtnern ist nicht nur dem Namen nach Handarbeit.

Naturnah gärtnern

In Gartenzeitschriften oder auf Social Media gibt es oft die „Jetzt-dringend-tun"-Aktionen. Aus Sicht der Artenvielfalt ist oft das Gegenteil der Fall, und vieles ist nicht nötig. Für Patchwork-Gärtner gilt die Regel: Ist dieses dringende To-do etwas, das die Natur selbst auch tun würde? Wann und wie? Und wenn ich es mache, wie kann ich es am besten in kleine Schritte aufteilen und die eine oder andere „Lücke" lassen?

Stauden stehen lassen

Verblühte Stauden und strohige Gräser im Herbst einfach stehen zu lassen, macht weniger Arbeit und den Garten artenreicher. Mit den passenden Pflanzen sieht es sogar richtig gut aus.

Moos und andere Pflanzenreste sind wichtiges Nistmaterial.

Wir müssen Frühblühern nicht die Köpfe abschneiden, bevor sie Samen bilden, und auch dem Lavendel nicht die Blüten. Wir müssen verblühte Stauden nicht stutzen und auch nicht all die hübschen Pflanzen jäten, die von selbst kommen wie Zaunrübe, Wilder Hopfen, Löwenzahn, Vogelmiere oder Knopfkraut, die ganz nebenbei zahlreiche Insekten ernähren. Aber wir müssen auch keine Scheu haben, etwas zu tun, wenn wir etwas weniger haben möchten. Dann sollten wir uns an die großen Grasfresser erinnern – aber eben sanft und nicht wie eine Büffelherde. Dann wird es am allerbuntesten! Gestrüpp und trockene Stängel, viel mehr mag es nicht sein auf den ersten Blick. Ist es aber (siehe S. 116): Spinnen haben ihre Kokons daran gepappt, darin verbringen die minikleinen Babyspinnen zusammengekuschelt den Winter. Auch viele Insekten und andere Krabbeltiere überwintern so, an, in oder unter den Stauden, als Ei, als Larve oder Puppe. Schmetterlinge, Käfer, Ohrkneifer, Wanzen, Grashüpfer.

Werden all die vermeintlichen Reste geschnitten, landet die nächste Insektengeneration schon im Herbst auf dem Kompost. Das ist nicht nur tragisch für die Insekten. Sondern auch für alle Tiere, die sich von Insekten ernähren. Igel, Spitzmäuse, Kröten. Und natürlich Vögel. Die freuen sich doppelt und dreifach über Verblühtes: Sogenannte Wintersteher haben noch lange Samen im Angebot und die alten weichen Pflanzenfasern sind wichtiges Nistmaterial. Distelfinken nehmen gerne die fluffigen Flugsamen ihrer namensgebenden Lieblingspflanze auch zum Nestbau, Rotkehlchen stehen auf Moos, Stare geben als Raumduft gern ein bisschen Schafgarbe dazu, Zaunkönige nutzen Brennnesselfasern.

WIE LANGE SOLLEN DIE STAUDEN UND RESTE STEHEN BLEIBEN?

Am besten bis in den April, bis die Insekten geschlüpft sind und alle Vögel ihre Nester gebaut haben. Mit dem erfreulichen Arbeitsspar-

Effekt, dass die meiste Aufräumarbeit schon von Mikroben und Vögeln erledigt worden ist – und was dann noch in den Beeten liegt, lenkt die ersten Schnecken gut davon ab, sich auf Salatsetzlinge und frisch gesäte Sommerblumen zu stürzen.
Wo es wirklich stört, darfst du es aber ruhig schneiden. Wir sind ja im Patchwork-Garten und je besser gestückelt und gefleckt, desto vielfältiger sind die Strukturen und bieten Platz für verschiedenste Arten. Die abgeschnittenen Stängel lassen sich zwischenparken oder als Ablenkfutter ins Gemüsebeet legen.

Attraktive Wintersteher

Stauden stehen zu lassen, das fällt besonders leicht, wenn Stängel und Blüten auch verblüht noch gut aussehen, wie bei der Wilden Karde, beim Herzgespann oder der Wilden Möhre, Mohn, Glockenblumen, Skabiosen, Fetthenne, Hundskamille, Wegerich, Ampfer oder Kräutern wie Fenchel, Lavendel oder Dill. Auch Gräser eignen sich gut. Eigentlich alles, was stabile Stängel hat und schöne Samenstände ausbildet, verwandelt das abgeblühte Beet zum optischen Genuss – und Schnee und Raureif machen daraus kleine Kunstwerke.

Weniger Schneiden für mehr Artenvielfalt

Raureif und Frost machen aus einem Patchwork-Garten ein Kunstwerk.

KUSCHELIGE WINTERQUARTIERE

Im Winter ruht vieles, manche Art verschwindet gen Süden, andere halten Winterschlaf. Und die Insekten? Sind Eier, Puppen oder Larven. Nicht zu sehen, aber da.

Was für uns im Herbst nur noch wie vertrocknetes Gestrüpp aussieht, ist für viele Insekten ein perfektes Winterquartier. Das einst blühende Staudenbeet bietet nun Hohlstängel, Laubpolster und Schutz in allen Ritzen und Ecken. Genau dort überwintern Wildbienen, Käfer, Spinnen oder Falter – gut versteckt vor Frost, Fressfeinden und Wind.

1. Spinnenkinder im Winterzelt
Einige Spinnenarten legen ihre Eier in einen Kokon und befestigen diesen gut geschützt im Gestrüpp. Die frisch geschlüpften Jungspinnen bleiben dort eng aneinandergekuschelt in einem zarten Gespinst – wie in einem Winterschlaflager – bis zum Frühling. So überleben sie gemeinsam die kalte Jahreszeit.

2. Eier unter der Erde
Auch in der Erde geht das Leben weiter: Grashüpfer und Heupferdchen legen ihre Eier tief in den Boden. Dort ruhen sie geschützt unter Laub und vertrocknetem Pflanzenmaterial. Im Sommer schlüpft dann der Nachwuchs und hüpft fröhlich durch den Garten.

3. Schmetterlingsruhe – je nach Art
Einige Schmetterlinge ziehen in den Süden, andere bleiben hier. Zitronenfalter überwintern fertig entwickelt in Astgabeln oder Laub. Schwalbenschwanz-Puppen hängen gut getarnt an verdorrten Stängeln der Wilden Möhre – regungslos und unscheinbar wie ein welkes Blatt.

4. Ohrkneiferträume in Hohlräumen
Ohrkneifer sind nützliche Schädlingsvertilger – besonders was Blattläuse angeht. Zum Überwintern suchen sie hohle Stängel, Ritzen und dunkle Spalten. Dort verbringen sie die kalte Jahreszeit in Ruhe – und sind im Frühling gleich wieder einsatzbereit.

5. Laubpolster für Streifenwanzen
Die Laubschicht an den Wurzeln alter Stauden ist nicht nur Mulch, sondern Winterasyl. Streifenwanzen und viele andere Insekten verkriechen sich hier ins Trockene und Warme. Das scheinbar unordentliche Durcheinander wird so zur überlebenswichtigen Decke.

Laub ist Liebe

Der Herbst wird oft poetisch als zweiter Frühling beschrieben, in dem jedes Blatt zur Blüte wird. Sobald das bunte Laub zu Boden fällt, braun und matschig wird, finden Menschen es allerdings sehr lästig.

1

Dass Laub weg muss, scheint ein ungeschriebenes Gesetz zu sein. Denn vom Herbst bis zum Frühling wird in den meisten Gärten jedes Blatt gefegt, gesaugt oder sogar verbrannt. Von Natur aus ist Laub aber kein Ärgernis. Laub ist ein Geschenk.
Die fallenden Blätter sind ausgeklügeltes Recycling: Bäume holen mit ihren langen Wurzeln Nährstoffe aus großen Tiefen, sammeln sie in ihren Blättern und lassen diese im Herbst auf den Boden regnen. Mit dem Laub werden Mikroben gefüttert, Käferlarven, Regenwürmer und viele andere kleine Gartenhelfer. Die wiederum zerlegen und zersetzen die Blätter dabei und so gelangen die wertvollen Nährstoffe zurück in den Kreislauf, für alle anderen Pflanzen. Und Humus bilden sie dabei auch.

SCHÖN WARM!

Laub ist außerdem so etwas wie die Winterkleidung des Gartens, es schützt das Bodenleben und die Pflanzen vor der Kälte. Frühblüher kommen aus einer Laubschicht früher ans Licht, weil sie Futter und Wärme haben, nicht etwa später. Ohne Laub kommen sie vielleicht gar nicht, weil sie erfroren sind, sollte der Winter streng gewesen sein.

LAUB SAMMELN

Von manchen Stellen muss das Laub runter: von Wegen, Rasenflächen und Plätzen. Es soll ja niemand ausrutschen. Bitte nicht mit Laubsaugern und -bläsern. Das ist nicht nur Lärm und Feinstaub, sondern auch tödlich für Käfer, Spinnen, Tausendfüßer, Asseln, oft auch für größere Tiere wie Kröten und Eidechsen und für alles, was als Puppe, Larve, Raupe oder Ei mehr oder weniger regungslos im Laub den Winter verbringen wollte, um im nächsten Jahr die nächste Insektengeneration zu gründen.
Arbeite lieber per Hand, mit Rechen, Laubgreifer, Besen und Schubkarre. Ja, das ist schrecklich anstrengend. Und das ist gut so, denn dann macht man auch nicht mehr als nötig. Eingesammeltes Laub lässt sich gut als Dämmstoff für die Kübelpflanzen auf der Terrasse nutzen.

LAUB LIEGEN LASSEN

Ansonsten gilt: Laub liegen lassen, Laub fliegen lassen. Der Herbstwind wird die Blätter bunt verteilen, von manchen Flächen runterpusten, an anderen Stellen aufhäufen, unter der Hecke, hinterm Schuppen, an der Mauer. So dicht und hoch, dass es Kröten oder Igeln gutes Winterquartier bieten kann. Im Patchwork-Garten funktioniert das besonders gut. All die vielen bunten Strukturen bieten dem Laub genau die richtigen Möglichkeiten, sich fluffig an den richtigen Stellen gut zu verteilen. Statt auf nackter Erde zu einer festmatschigen Schicht zu werden über den Winter. Auch nach dem Frost sollte Laub liegen bleiben, ungefähr bis April. Bis alle Tiere ihren Winterschlaf beendet haben oder – wie Hummelköniginnen – zwar schon früh starten, aber doch in kalten Nächten ein warmes Bett brauchen. Dann kannst du die Reste zerstreuen, kompostieren oder liegen lassen. Nachtfalter oder Kröten nutzen das gerne im Sommer als Tagesversteck. Laub, das im Winter wärmt, schützt im Sommer vor Hitze und Trockenheit. Laub ist Liebe.

1. Igel brauchen Laub gleich doppelt: für ihr Winterquartier und damit ihre Nahrung des nächsten Jahres gut überwintern kann.

2. Frühblüher lieben Laub als warme Winterdecke und können sich so gut geschützt ans Tageslicht schieben.

2

Jetzt wird's bunt im Garten! Patchwork-Garten-Check

Ein Patchwork-Garten muss nicht perfekt sein. Er wächst von allein, mit dir – Stück für Stück, mit Zeit, Geduld und Liebe. Er darf wachsen, wuchern, überraschen. Beobachte, probiere aus und genieße die Vielfalt, die entsteht. Große Veränderungen brauchen Planung, kleine können sofort beginnen.

So geht es los

Beginne damit, das Beste aus deinem Garten zu machen. Welche Ecken magst du besonders? Wo summt es? Wo sitzt du gerne? Welche Stellen wirken trist? Achte dabei auch auf Farben. Ist der Garten bunt oder überwiegend grün? Gibt es auch Brauntöne, die für natürliche Akzente sorgen? Vielleicht entdeckst du Lieblingsstellen, die du stärken kannst, oder Lücken, die ein bisschen Aufwertung vertragen können. Das ist besser als Tabula rasa und ein kompletter Neuanfang. Egal wie der Garten ist, egal wo er liegt. Man muss nicht bei Null anfangen. Vieles ist schon da.

Was wünsche ich mir – und was ist realistisch?

Ein Patchwork-Garten kann vieles sein: Rückzugsort, Spielwiese, Nasch-Garten oder Wildtier-Paradies, durchaus auch alles gleichzeitig. Was ist dir davon besonders wichtig? Wie stehen die anderen dazu, mit denen du den Garten teilst? Auf welchen Nenner kann man sich einigen? Starte damit, in deinem Tempo. Nicht alles muss sofort fertig sein. Mach immer mal eine Pause und mache dir bewusst, was schon gut läuft. Oft kommen dann die besten Ideen, wie es weitergehen kann.

Wenn es ein „Aber" gibt

Der Vermieter, die Nachbarn, der Kleingartenvorstand – manchmal braucht es ein bisschen Überzeugungsarbeit. Zeige Beispiele, erzähle von Erfolgen, hänge Schilder auf: „Hier wohnt Igelmama Ilse". Mach mit bei Aktionen wie „Offener Garten", hänge Schilder von Naturschutzverbänden an den Zaun. Oft hilft es, sichtbar zu machen, dass es einen Plan gibt und Patchwork eben kein Durcheinander ist.

Zeit und Geld

Patchwork-Gärtnern ist anfängertauglich, denn es geht nicht um Perfektion, sondern um Ideen, die wachsen dürfen. Du kannst nichts wirklich falsch machen. Und es schont das Budget. Pflanzen lassen sich tauschen, viele Materialien kann man recyceln. Vielleicht gibt's Förderprogramme von der Gemeinde für Gründächer oder lebendige Vorgärten. Oder Nachbarn, die mithelfen wollen. Gemeinsames Gärtnern spart Zeit und macht Spaß.

Patchwork heißt: stückweise umsetzen

Keine Idee, wo anfangen? Vielleicht hast du etwas gelesen in diesem Buch, das dich besonders anspricht, etwas, das „leuchtet"? Oder sich zu dieser Jahreszeit anbietet? Laub liegen lassen, Löwenzahn stehen lassen, eine Schale Wasser für Insekten hinstellen, das ist schon der Anfang. Fange an mit einem Quadratmeter wilder Wiese. Ein bisschen hier, ein bisschen da. Wenn man einmal den ersten Schritt gemacht hat, ist es oft so eine große, tolle Veränderung, die Mut macht, mehr zu wagen.

Service

BÜCHER ZUM WEITERLESEN

Altmoos, Michael: **Mehr Wildnis wagen!** Naturdynamik erkennen, erleben, fördern. pala-verlag

Brackhane, Sebastian und Hackländer, Klaus: **Die Rückkehr der großen Pflanzenfresser.** oekom-Verlag

Haft, Jan: **Heimat Natur.** Eine Entdeckungsreise durch unsere schönsten Lebensräume von den Alpen bis zur See. Penguin Verlag

Haft, Jan: Wildnis. **Unser Traum von unberührter Natur.** Penguin Verlag,

Kern, Simone: **Klein & wild.** Kleine Gärten naturnah gestalten. Kosmos

Kern, Simone: **Mein Garten summt!** Ein Platz für Bienen, Schmetterlinge und Hummeln. Kosmos

Neumeier, Monika: **Igel im Garten.** So kannst du ihnen helfen. Kosmos

Over, Jutta: **Wildkrautampel.** Vom gelassenen Umgang mit Wildwuchs im Garten. Kosmos

Schmid, Ulrich: **Vogelparadies Garten.** So wird dein Garten vogelfreundlich. Kosmos

Tinz, Sigrid: **Friede den Maulwürfen.** pala-Verlag

Tinz, Sigrid: **Haufenweise Lebensräume.** pala-Verlag

Tinz, Sigrid: **Nahrungsnetze für Artenvielfalt.** pala-Verlag

Tinz, Sigrid: **Selbst ist die Pflanze.** pala-Verlag

Winkenbach, Iris: **Mein Insektenparadies.** Tu was für Insekten im Garten. Kosmos

FILM-TIPPS

Die Eiche – mein Zuhause
(von Michel Seydoux und Laurent Charbonnier, 2022)

Die Wiese. Ein Paradies nebenan
(von Jan Haft, 2019)

EMPFEHLENSWERTE HOMEPAGES

www.bund.net

www.gartenschlaefer.de

www.gluehwuermchen.ch

www.krautundbuecher.de

www.naturadb.de

www.pro-igel.de

PFLANZEN UND SAATGUT

www.bingenheimer.de

www.bioterra.ch

www.gaissmayer

www.naturgarten.org

www.rewisa-netzwerk.at

www.rosenschule.de.

KI gezielt fragen

Wenn du die KI zu Gartenthemen fragst, gibt es oft nur Standardtipps für Rasen und Rosen. Frag gezielt: Wie geht es artenreich und klimafest? Bitte die KI, so ökologisch wie möglich zu antworten. So bekommst du Informationen, die zu Vielfalt und Patchwork-Gärtnern passen.

REGISTER

IMPRESSUM

Umschlaggestaltung von Claudia Eder, Schönburg, unter Verwendung von 2 Farbfotos von mauritius images/Martin Siepmann/imageBROKER(Umschlagvorderseite) und mauritius images/Wilfried Martin/imageBROKER (Umschlagrückseite).

Mit 148 Farbfotos und 13 Farbzeichnungen.

Unser gesamtes Programm finden Sie unter **kosmos.de**. Über Neuigkeiten informieren Sie regelmäßig unsere Newsletter, einfach anmelden unter **kosmos.de/newsletter**

Gedruckt auf chlorfrei gebleichtem Papier

ISBN 978-3-440-18297-0
Redaktion: Carolin Küßner
Gestaltungskonzept: GRAMISCI Editorialdesign, München
Gestaltung & Satz: Claudia Adam Graphik-Design, Bad Kreuznach
Produktion: Klaus Jost
Druck & Bindung: Westermann Druck Zwickau GmbH, Zwickau
Printed in Germany/Imprimé en Allemagne

MIX
Papier aus verantwortungsvollen Quellen
FSC® C110508

BILDNACHWEIS

Mit 148 Farbfotos von **Elke Borkowski/gardenpicturestoc (1):** 2 o.; **Andrea Christmann (1):** 6/7; **Flora Press (25):** /Bildagentur Beck: 35 re.; /BIOSPHOTO: 53 li., 104 o.; /Christin Pardun: 60; /Diez, Otmar: 56; /Evi Pelzer: Innenklappe vorne, 16, 33 u. re., 54/55, 61; /FLPA Images of Nature: 2 u. li., 63 li.; /Garden World Images: 81 o.; /gartenfoto: 45 o., 51 re., 69 o.; /Gary Rogers; 52 re.; /Gudrun Peschel: 64; /Karin Goldbach: 87 o.; /Petzold, Alexandre: 67; /Sibylle Pietrek: 91 u., 107 o.; /Ute Klaphake: 37 o. li.76/77; /Visions Pictures: 46/47; **GAP Photos (8):** /Andrea Jones: 121 u.; /Annaick Guitteny (Designer: Amanda Waring and Laura Arison): 121 o.; /David Tull: 82 li.; /Ernie Janes: Außenklappe vorne; /Howard Rice (Dr.RM Belbin, Farm Cottage, Barton, Cambridge. NGS): 116; /Liz Every: 28; /Matt Anker (Designer: Caitlin McLaughlin): 128; /Rob Whitworth: 24/25; **Naturfoto Hecker (11):** /Frank Hecker: 15 u. re., 52 li., 62, 70, 95 5. von oben, 96/97, 98 u., 102/103, 103 re.; /Heiko Bellmann: 93 u.; /Wolfgang Buchhorn: 15 o.; **living4media (1):** /Birgid Allig: 10; **mauritius images (18):** /Alamy Stock Photos /Bob Gibbons: 86; Alamy Stock Photos /Mario Plechaty Photography: 20 re.; /Alamy Stock Photos /Nick Upton: 8 o.; /Alamy Stock Photos /Ray Kennedy: 21 li.; /Alamy Stock Photos /ultrapro: 8 u.; /Alamy Stock Photos /Wlodzimierz Dondzik: 115 o. re.; /Chromorange /Martina Raedlein: 19; /Elke Schwarzer: 45 u., Innenklappe hinten (Nr. 5); /Garden World Images /GWI/Rita Coates: 91 o.; /imageBROKER: 89, 93 o.; /imageBROKER /Wilfried Martin: 118 o.; Innenklappe hinten (Nr. 1); /Nature in Stock /Ronald Stiefelhagen: 57 o.; /nature picture library /Konrad Wothe: 105 o.; /nature picture library /Nick Upton: 98 o.; /nature picture library /Phil Savoie: 11; **Evi Pelzer (4):** 48, 49 u., 51 u., 85 o. re.; **Shutterstock (34):** /Colombe Photographie: 26 o.; /COULANGES: 37 Mi.re.; /Dark_Side: 101 re.; / Equitano: 84 u.; /FrancisMF: 113 li.; /Hatice Bakcepinar: 81 u.; /Heiti Paves: 95 2. von oben; /IanRedding: Innenklappe hinten (Nr. 4); /Igor Paszkiewicz: 108/109; /ikrolevetc: 95 4. von oben; /imageBROKER: Innenklappe hinten (Nr. 3); /Kabar: 29 Mi.; /krolya25: 82 re.; /Laurie E Wilson: 65 o.li.; /Lucie Dumas: 84 Mi.; /Milosz_G: 21 re.; /Miroslav Posavec: 101 li.; / mutinamatyas_photo: 17 Mi.; /NetPix: 118 u.; /New Africa: 113 re.; /Norjipin Saidi: 95 o.; /Oleksandr Masnyi: 65 Mi. re.; /Olexandr Panchenko: 85 o. li.; /onstockphoto: 104 u.; /Orest lyzhechka: Innenklappe hinten (Nr. 2); /PJ photography: 114; /PRILL: 83; /Rudmer Zwerver: 72; /Sachiczko: 95 3. von oben; /slowmotiongli: 63 re.; /Space creator: 2 Mi. li.; /studiavit: 85 u. li.; /Suzanne Tucker: 88; /Thijs de Graaf: 80; **Gartenbildagentur Strauss (26):** /Anna Örnberg: 53 re.; /Brigitte Niemela: 26 u., 34/Dirk Mann: 39 u.; /Dr. Karen Meyer-Rebentisch: 37 u.; /Friedrich Strauss: 2 u. re., 23, 33 o., 38, 47 o., 51 o., 59, 65 o. re., 71, 75 o. re., 75 Mi. re., 79 o. li., 79 o. re., 79 Mi. re., 115 u.; /Gonkel/Stegeman: 66 o.; /Konrad Wothe: 43 o., 110; /Martin Staffler: 74/75; /Peter Raider: 39 o.; /Piru-Pictures: 105 u.; **Annette Timmermann (1):** 120; **Sigrid Tinz (18):** 5, 17 u., 18, 20 li., 29 o., 35 li., 43 u., 47 Mi. re., 49 o., 57 u., 58, 66 u. li., 68, 69 u., 87 u., 103 Mi., 107 u.; Außenklappe hinten.

Mit 13 Illustrationen von Helga Jaunegg.

Naturnah gärtnern —— Nachhaltig leben

128 Seiten

Egal, wie groß ein Garten ist: Der Platz für Pflanzen ist begrenzt. Welche wählt man aus? Hübsch blühen sollen sie, insektenfreundlich und essbar sollen sie auch sein und wenn sie nützlich (für die eigene Gesundheit und die der anderen Pflanzen im Garten) sind, wäre das auch super. Und dann gibt es ja noch Pflanzen, mit denen man putzen oder färben kann oder die als Faserpflanze genutzt werden können. Aber leider ist dafür kein Platz mehr im Beet. Oder doch? Was wäre, wenn es multifunktionale Pflanzen gäbe, sozusagen die eierlegende Wollmilchsau aus dem Pflanzenreich? Gibt es! Bärbel Oftring stellt uns ihre grünen Lieblingshelfer vor und erklärt, wie man sie pflegt und nutzt.

Gärtnern mit dem Zufall heißt die Antwort auf die neue Klimasituation. Die faszinierenden Stauden und Blumen dieser Gestaltungsart benötigen wenig Wasser und Nährstoffe und vermehren sich ganz natürlich. SPIEGEL-Bestsellerautorin Simone Kern zeigt kreative, ökologische Konzepte vom Bauerngarten bis zur Dachterrasse. Sie beschreibt Planung, Anlage sowie die Pflege trockenheitsresistenter Naturgärten und empfiehlt geeignete Pflanzen. Ein Buch voller inspirierender Ideen für äußerst attraktive, pflegeleichte Gärten, die sich jedes Jahr aufs Schönste wandeln.

128 Seiten

kosmos.de